U0198743

8分钟拯救你的小窝

THE CLEANING
NINJA

[加]考特尼·哈特福德（Courtenay Hartford）/著

刘惠/译

中信出版集团 · 北京

图书在版编目（CIP）数据

8分钟拯救你的小窝 /（加）考特尼·哈特福德著；
刘惠译. -- 北京：中信出版社，2017.8
　　书名原文：The Cleaning Ninja: How to Clean
Your Home in 8 Minutes Flat and Other Clever
Housekeeping Techniques
　　ISBN 978-7-5086-7874-0

　　I. ① 8… 　II. ①考… 　②刘… 　III. ①家庭生活－基本
知识　IV. ① TS976.3

中国版本图书馆 CIP 数据核字（2017）第 166667 号

8 分钟拯救你的小窝

著　者：[加] 考特尼·哈特福德
译　者：刘　惠
出版发行：中信出版集团股份有限公司
　　　　　（北京市朝阳区惠新东街甲 4 号富盛大厦 2 座　邮编　100029 ）
承 印 者：北京鹏润伟业印刷有限公司

开　　本：880mm×1230mm　1/32　　　印　张：5.25　　字　数：110 千字
版　　次：2017 年 8 月第 1 版　　　　印　次：2017 年 8 月第 1 次印刷
京权图字：01-2017-5443　　　　　　　广告经营许可证：京朝工商广字第 8087 号
书　　号：ISBN 978-7-5086-7874-0
定　　价：32.00 元

| 目 录 |

|序　言|

如何使用这本书

　　这本书旨在让我们的家居生活变得更精致，如何让你的小窝达到你梦寐以求的一尘不染，以及在日常生活中忙里偷闲打理居家事务的窍门。

　　如果你需要一些动力才能起身做家务，那么本书将成为你的朋友、为你提供这种动力；如果你想高效处理家务工作，那么本书将是你的知识宝典。

　　这本书能多次为你所用。在你做家务的时候，可以打开它，随时查看。在你百无聊赖地坐在沙发上的时候，也可以信手翻阅，从中获得乐趣。当然，我更希望你能从本书获益，掌握其中处理家务活的技巧。

让这本书成为你摆脱家务琐事的好向导、好伙伴吧。但凡你要整理家务的时候，就可以随手翻翻这本书，以做参考。每当我想让家中的面貌焕然一新的时候，就会从本书末尾的清单来获取灵感。一旦你读过，就会发现这个清单非常实用！如果我想清扫家中某一个特定的房间，也会重新阅读书中相关的章节，一来是为了寻求打扫的动力，二来也是为了提醒自己留意那些总是被忽略的巧妙方法。

是的，我承认，我的确反复阅读了这本书——事实上读了好几遍，我希望你也能够从中受益。

8 分钟之内
让你的小窝
一尘不染

THE CLEANING NINJA   How to Clean Your Home in 8 Minutes
Flat and Other Clever Housekeeping
Techniques

我们都曾有过这样的经历：在某个星期，你手上所有的事情似乎都乱成一团，而你最多能挤出时间做点皮毛性的清扫工作，碰巧你的老朋友们下午要来你居住的城市，你需要邀请他们过来小聚，因为你并不想错过这种老友相聚的欢乐时光。可是家里乱糟糟的，实在很难招待朋友们。这不仅仅是"天啊！怎么忘了把这些玩具收起来"的尴尬，事实上是混乱不堪！应对这类情景，你需要的是高效的清理方案，能让你处理好家务工作让房间井然有序的计划。要怎么做？请仔细阅读下文！

当务之急

这里讲的是把精力放在客人（或你自己）最能注意到的地方，打扫这些地方不仅会让你的客人感觉舒服，而且会让你的居室看上去尽可能整洁。在此我们需要认清现实——我们所面临的不是

"白手套"式的卫生检查，我们只是要为到访的客人营造整洁、舒适的环境。

如果你白天只能抽出几分钟来打扫居室，让自己和家人感受到整洁和舒适，那么这个快速清理列表同样适用！

要想让家里看起来比实际上更整洁，你需要把自己的时间和精力高效地分配到以下三件事情上：去除屋子里难闻的气味；陈列几件令人赏心悦目的物品来吸引别人的注意力；当然，你还要尽可能地清除污垢，不要让外人的眼睛注意到它们（但愿如此）。

在清扫过程中时间至关重要，我们只把重点放在你家里的公共区域，以及那些客人们最有可能参观的房间。就今天接待老朋友的目的而言，那些重要的房间应该是客厅或起居室、厨房和一个主要使用的卫生间。你可以理解为，在这个章节我们将会讨论到你家里的布局安排。如果你需要冒险带客人去参观家里的其他房间或向他们展示一些东西，那么后果就难以预料了。但有时，大部分人家里都会有那么几个"不堪入目"的房间，所以并不需要过于担心。

♡完成每一分钟的任务♡

好的，目前我们有 8 分钟时间。既然我可以做到，你也应该可以，并且将来可以独当一面。从现在开始动手吧！

我们以 1 分钟为单位，把这 8 分钟划分成八个独立的部分。

首先，我将迅速简要地向你说明每一分钟的任务，然后再具体地给出进一步的解释。

第一分钟：让室内空气沁人心脾。

第二分钟：清理厨房台面。

第三分钟：清理厨房餐桌。

第四分钟：清理客厅中的垃圾杂物。

第五分钟：换掉浴室内的擦手毛巾，并用旧毛巾迅速把浴室上下擦拭一遍。

第六分钟：迅速擦洗马桶。

第七分钟：拂去所有表面灰尘。

第八分钟：擦净物体。

下面是每一分钟的任务详解：

第一分钟：让室内空气沁人心脾

你要知道，室内清新的空气会给人房间整洁、一尘不染的好印象。舒心的气味有神奇的作用，它能奇迹般地转变别人对乱糟糟屋子的看法。他们会说："哦，你瞧这屋子真温馨、真让人愉悦，太舒适了，环境太惬意了！"而不是"哦，天啊！这房子简直太乱了。哎，天啊！"只要空气变得清新，人们瞬间就会认为你屋子里的任何邋遢之处只是一些分分钟就能搞定的小问题，说明你不是一个缺乏基本生活标准的人。因此，不容置疑的是，屋子里的气味举足轻重。在没有时间做其他打扫工作的时候，这是务必完成第一要务！

我喜欢在屋子里放一些蜡状香氛、蜡烛香氛或空气喷雾（我会购买自己信任的、知名品牌的产品。千万不要尝试那些便宜的、闻上去就令人不舒服的破烂货）以备不时之需。当然，让室内空气迅速清新的方法有很多很多。要想知道其他方法，请查阅本书115页"室内香味至关重要"。

第二分钟：清理厨房台面

让我们首先解决厨房卫生，因为厨房几乎是所有客人到访的落脚点：大家要么是围着餐桌而坐聊聊天，要么是开餐之前先吃点点心。既然客人们可能会在厨房吃东西或者喝茶，我们一定要让厨房尽可能地显得整洁有序！

首先我们要清理台面，对于那些能给别人留下坏印象（令厨房杂乱无章）的物品要果断扔掉。那么，我们来看看台面上有什么。或许是一些用过的盘子，或许是一些报纸，也或许是一些垃圾——事实上任何物品都有可能！每天各种有趣的物品都有可能堆在厨房台面上，难道不是吗？所以，我们先来解决台面上的垃圾。捡起来直接扔掉！手起手落只需10秒钟！如果厨房垃圾桶满了，那就取一个新的垃圾袋挂在某个橱柜的把手上。千万不要用清理台面这宝贵的1分钟去倾倒厨房垃圾。稍后有时间的话，把

8分钟拯救你的小窝

多余的垃圾袋藏起来就好。总之多一个垃圾袋总比到处都是垃圾要好很多，所以没必要过于担心。

接下来就是收拾脏盘子了。如果你有洗碗机或者橱柜里还有空间，那就把所有的盘子都放进去。如果没有洗碗机或者橱柜里塞满了盘子，那就把盘子扔（不是真扔）到洗碗槽里，拧开水龙头开始用热水冲洗。稍微挤点洗洁精到水里。猜猜你刚刚做了什么？泡沫水完全把脏盘子隐藏了起来，一点痕迹都没有！它们看上去再也不是脏兮兮的一团乱了；客人们以为你正在洗盘子，认为你是一位特别讲究厨房卫生的主人！这样做是不是很机智呢？这样做的另一个好处就是，洗洁精的香味也会给房间增添一丝清新的气味。

目前为止你还有什么需要我帮忙的？如何收拾报纸？杂志？在这种速效清扫的情境中，你可以做一些事情来解决这些问题。这里的"清扫"并不是严格意义上的大扫除。如果你家台面上也有（像我家一样的）篮子或者某种储物架，那就把所有的东西都放进去，这样就大功告成了！我用的是金属材质的双层立式纸杯蛋糕状的架子——非常好用，而且每当放满杂志的时候还会为台面上的角落增色不少。如果你有现成的篮子或收纳箱，你也可以尝试把东西放在这里。或者你可以试着把东西有条理地堆在角落里。总之，收拾总比不收拾好！

如果家里的东西杂乱不堪，难以清扫的话，你可以把所有的东西收拾起来放在某一个卧室或者柜子里，再或者放在浴室里，然后关上门或者拉下窗帘。这虽不是理想之策，但也的确可以在短时间内贡献绵薄之力！

第三分钟：清理厨房餐桌

一张干净的餐桌不仅是你和客人们坐下饮用茶品或者享用茶点的好地方，它还能迅速衬托出整个房间一尘不染。据说巧妙的铺床方式会提升卧室 80% 的整洁度，这个道理同样适用于餐桌和餐厅。

用清理台面的方法来清理餐桌，你就知道该怎么做了！扔掉垃圾，把脏盘子放入洗碗机或水槽，把报纸等杂物堆在刚刚清理好的台面上的架子或角落里。一切轻松搞定，毫不费力！

第四分钟：清理客厅中的垃圾杂物

通常，主人的客厅都是温馨有序的，因为这是接待客人最重要的门面，所以并不需要花费太多精力来整理。所以整个房子里我最喜欢用 1 分钟整理方法来改造的房间就是客厅了，因为我只需要花几秒钟来清理杂物就会让它焕然一新。在这里我需要帮你处理什么杂物呢？玩具、衣服、毯子和盘子？我们先从脏盘子着手吧，把它们全收起来放在通往厨房的门口处，然后继续回来清扫其他杂物。在客厅里剩下的杂物中，最好先从最大的物件着手，把它们放在一边或者把能隐藏起来的东西都藏起来。使用这种快速清扫妙招的次数越多，你就会做得越得心应手。然而就目前而言，点滴的努力就会奏效。同样，你可以在长沙发靠背上铺上一条毯子，或者带客人们走进客厅之后铺上垫子。

接下来我们清扫浴室。如果浴室的方向与厨房顺路，那就带上刚从客厅收出来的脏盘子。反之，把盘子放在原处，做完其他事情再回来取走。有时间的话，把盘子放到水槽或洗碗机里。

第五分钟：换掉浴室内的擦手毛巾，并用旧毛巾迅速上下擦拭

在别人家用完厕所后再用湿毛巾擦手或许是最令人纠结的事情吧，所以我们务必要杜绝这种事情发生在你的客人身上。换下旧的擦手毛巾，顺手把洗手池和周围身体可能碰到的地方迅速擦拭一遍，再换上新的擦手毛巾。如果你没有现成的可换，那就找一块正常尺寸的毛巾，整齐地叠好放在台面上或者洗手池边。

第六分钟：迅速擦洗马桶

是的，你需要好好地擦洗马桶。你将会为你的付出带来的巨大收效而感到欣喜。向马桶里挤出少许清洁剂，挥动马桶刷清除马桶上的污渍，然后用一些厕纸擦拭马桶盖、垫圈以及马桶边缘。从最干净的地方开始擦，最后擦最脏的部位。最后把纸扔到垃圾桶里，这项工作就完成了！现在你的浴室彻底清扫干净了，不会让客人感到任何不适了！或许浴室里还有一些玩具没有处理，但

至少身体触及的地方都是干净舒心的。

✦第七分钟：拂去所有表面灰尘✦

拂去少许灰尘就会让整个空间熠熠生辉，多么神奇！如果有羽毛掸子（没有的话就用一块柔软的干布），用它从厨房到客厅掸一遍灰尘。为了迅速除尘，首先你必须把精力放在深色物件上，因为这些地方最不容易藏灰。擦完后再观察一下你的深色木制家具，带有深色金属的电视和电灯器具。是不是这 1 分钟的成效让你感到非常惊讶！

✦第八分钟：擦净物体✦

找三四块软布，快速用水打湿，这可比向软布上喷水快多了。先从厨房开始擦，然后再去客厅，尤其要留意那些客人们可能会碰到的物件表面。例如，餐桌、餐椅或者咖啡桌，所有黏腻的部位都要擦拭干净。做完这些再去擦拭你最喜欢的、颜色绚丽夺目的物品。然后，摆几件晶莹剔透的装饰品吸引人们的注意力，避免人们关注到清扫中忽略的死角。所以你要擦拭一遍最喜欢的、熠熠生辉的木制家具，精美的挂钟、华丽的灯饰和其他你钟爱的装饰物。每次用软布擦完非常黏腻的表面（或者某块灰尘非常多的表面）后都要换一块新的软布去擦下一个部位。这样就能免去反复擦拭同一个表面的苦恼。

上述就是 8 分钟内的任务！如果你恰好只用了 8 分钟来打扫房间，恭喜你！在如此短暂的时间内让自己的居室发生了巨大变化。好好享受你的成果吧！

如果你还有更多时间，那就利用起来！四处检查一下，多清理一些地方，或者让自己的形象更加靓丽一些，也或者给自己做一顿点心。那么你就赚了！

如果你还有额外时间来整理家务，这里还有一些建议让你的家务锦上添花：

◆ 着手去做某种家务

客人看到你正在做家务也无伤大雅。这就好像在告诉客人，他们到访的时候正好赶上你的日常打扫时间，同样他们也会默认你还没来得及去做完其他小事儿。

◆ 让某些设备保持运行

如果你家的洗碗机和洗衣机噪音不是太重，也不会发出令人不快的声响，那就开着这些机器。这些清理的声音可以作为衬托，打消客人的疑虑，不会认为这套房子被你长期抛于脑后，不管不问。

◆ 多开一些灯

人们总是把干净的东西和"明亮闪耀"画等号。你已经清扫过"闪耀"的地方了，所以多开一些灯增加亮度，让家里更加明亮夺目！

准备一间
专门的储物室

THE CLEANING NINJA How to Clean Your Home in 8 Minutes
Flat and Other Clever Housekeeping
Techniques

你的清扫工具储物区应该是家里最井然有序的区域，这样会加快清扫速度，并提高清扫效率。这对保持室内干净整洁是至关重要的（尽快留出这片区域）。所以从长远来看，在需要任何工具又恰好能找到它们的时候会让你的生活更加轻松，最终节省大把时间！

选　址

你需要把储物室安排在自己触手可及的区域，最好安置在房间的中心位置。这样，清扫工具可以随时取用、触手可及，这也是让房间保持一尘不染的关键。基本的工具和抹布应当放在与视线齐平的地方以便找到，其正上方或下方应该配有刷子和羽毛掸子。你还需要在高处放置扫帚和拖把，还要尽可能地为真空吸尘器留有一些额外空间。如果你家里只有一个柜子或壁橱，放不下这么多东西，那你可以在几个不同的地方分开储存这些工具。只要确保不会给自己造成负担——找工具的时候毫不费力，并能把需要一起使用的几样工具放在相同位置即可。如果你发现自己每天都需要经常俯身或踩在椅子上来取工具的话，毫无疑问，你应该换个新的储物室了。因为长此以往，这些行为动作会令人非常苦恼。而且从长远角度上考虑，它会慢慢打消你做家务的积极性。

购买清洁工具

如今人们几乎能从各个超市或实体商店买到各式各样的清洁工具和设备。一些产品的质量很好，而有一些产品却差强人意。或许你早就知道了这些现实情况，毕竟这些年里你一定尝试过不少中看不中用的工具。

关键的清理工具和设备

事实上你没有必要在清理工具上花费太多钱财，因为基本的清扫工具就能出色地胜任大部分家务活。但对于那些需要使用羽毛掸子或真空吸尘器才能搞定的家务活，在自己的经济能力范围内买最好的产品是有好处的，你会看到自己梦寐以求的速效洁净效果。下面是一份经实践检验后证明有效、可以信赖的工具和设备清单，这些工具会让你迅速、方便地打扫好房间，尽可能减少家务活对你的烦忧：

- 软棉布，例如白色的毛巾或便宜的水洗布
- 微纤维布
- 大浴巾（仅供清扫使用）
- 扫帚
- 小型手持除尘刷
- 簸箕
- 棉拖把
- 除尘拖把
- 轻型真空吸尘器
- 湿 / 干型真空吸尘器
- 水桶
- 硬毛擦洗刷
- 钢丝球
- 粗糙擦洗垫
- 无划痕擦洗垫
- 大块海绵
- 一次性橡胶或乳胶手套
- 小型密齿刷（或牙刷）
- 优质的羽毛掸子
- 橡皮清洁刷
- 塑料刮刀

◆ 纸巾

◆ 旧报纸

✦ 清扫方案和用量 ✦

　　方便起见，最好能从商店里购买一两瓶喷雾式清洁剂，方便及时清扫。你完全没有必要把商店里整排货架上的清洁产品都买回来。大多数情况下，只要家里储物室中存有几样基本工具来清扫整个屋子，就能达到满意、高效的效果。当然这些清洁剂要搭配正确的工具使用，若是再熟练掌握几样诀窍和技巧，那么最终的效果会比商店里标榜着"魔力"清洁的产品好一万倍。但是对于极难对付的清扫环境，我们要用特殊的办法对待，我会在下面详细列出：

◆ 醋

◆ 柠檬汁

◆ 擦洗用的异丙醇

◆ 小苏打

◆ 便宜的橄榄油（仅供清扫使用）

◆ 硼砂

◆ 普通洗洁精

◆ 天然蜡或油质家具抛光剂

◆ 普通全效清洁喷雾剂，方便快速清除污渍

◆ 玻璃清洁剂或自制清洁剂

◆ 耐用除污剂，用于紧急清除衣物、室内装饰物和地毯上的
   污渍

◆ 耐用高浓度清洗剂，用于清理十分脏乱的地板和室外环境
   的打理

◆ 水垢与铁锈清除器，清除硬水中的沉淀污渍

　　家里的清扫工具室里最好保存以上这些清洁用品，这个列表
没有包括日常放在特定位置的用品，比如肥皂、衣物软化剂、洗
碗剂等。

　　有了这些基本的清洁用品，你一定会创造居家清扫的奇迹！
一切都将如你所愿！

　　让我们行动起来吧！

让生活
更轻松
的秘诀

THE CLEANING NINJA   How to Clean Your Home in 8 Minutes
Flat and Other Clever Housekeeping
Techniques

其实我们每天都会例行公事地做一些简单家务，让家中环境保持清洁，我们也就更加舒心。当然，日常清扫的习惯因人而异，或许你能在本章找到一些适合自己的建议，可以纳入自己的"日常清单"。如果你能用文中提及的一些锦囊妙计处理日常琐事，从长远来看真的会为你节省大把的时间！

锦囊一

每天都用擦手毛巾擦拭卫生间的洗脸台，然后换上一条新毛巾。与小抹布相比，擦手毛巾面积更大，而且吸水性更好，你只需要花 3.8 秒就能擦出纤尘不染的水槽，你也会摇身一变成为每天都用新毛巾的人！这真是意外收获！

○锦囊二♂

每隔几天就用羽毛掸子迅速清扫一遍家里所有的镜子和玻璃材质的表面，再用抹布和玻璃清洗剂擦洗、抛光后，维持干净的时间会更久。事实上，我们肉眼所看到的98.4%的表面"脏乱"仅仅是落在上面的浮灰或宠物毛发而已，而非人为涂抹的斑痕和指纹。好吧，虽然这个统计数字不具可考性，但这条建议是非常受用的！

○锦囊三♂

家具抛光剂不一定非要用在家具上！有时候你看到某些器具、饰物、桌面或其他地方经常会有污渍、灰尘和指纹，那就把家具抛光剂当成日常扫除喷雾喷上去。这种喷剂不会让表面的污垢存留很长时间。下次清理表面的时候，你会发现这些污渍会很轻松地擦拭下来。

○锦囊四♂

这条建议是针对宠物爱好者的：每次在新铲除的猫砂上撒几撮小苏打。你会惊讶地发现，猫砂很长一段时间都没有异味，而且很容易铲掉，就像用了一个不粘砂的宠物厕所！

8分钟拯救你的小窝

○锦囊五○

为防止厨房垃圾桶因垃圾袋破损造成麻烦，你每次更换垃圾袋时，可以在垃圾桶底部铺上一两张报纸。这样避免了反复冲洗沾在垃圾桶底部的油腻污渍，而且报纸还可以吸收难闻的气味！

○锦囊六○

千万不能小瞧肥皂和清水的作用！拿一块蘸有肥皂液的湿抹布擦拭物品，每天擦洗一次。你会惊讶地发现，仿佛所有的东西都有自洁功能。每天只需要一两分钟来清理溅在四周的水滴和水溢出来留下的污渍，总之，你一定会爱上这块抹布带来的清洁效果，也一定会感到赏心悦目！再告诉你一个小窍门：每天做家务时，在水槽中注入热的肥皂水会让水槽保持清洁，肥皂水还会把下水道冲洗干净。不太相信？我懂，我都懂。这种方法听上去似乎很原始、很老土，因为与市场上热卖的先进清洗设备以及新一代清洁产品相比，肥皂和清水显得逊色很多，但是我们走着瞧！记得我第一次用这种方法时也曾让疲惫不堪的我大为惊讶，不得不为这种简单的小窍门所折服——相信以后你也会有同感的！

○锦囊七○

每天坚持做一些简单的家务，例如洗衣服、洗碗等。只有每天坚持如此，才不会有堆积如山的家务，你才会真正地轻松应对大扫除的工作！脏衣服、油腻腻的盘子，还有长时间闲置的设备，久而久之都会影响到整体的清新感，无论从外观上还是气味上！每天花点时间保持这些区域的空气流通，这样看来你已经开始掌握处理家务的窍门了！

◯锦囊八◯

买几个你喜欢的储物篮，形状各异、大小不一。然后你就会见识到这几个篮子带来的神奇变化。一个篮子会瞬间收纳整个房间的杂物，而且也会起到装饰作用。试着买几个与房间百搭的篮子，这样你就会在一年的不同时间用不同的收纳篮。比如圣诞节的时候，我们可以用大一点的篮子来收纳客厅多余的玩具，夏天时候可以放在门口收纳人字拖、跳绳、足球等杂物。房子里多放几个篮子会让你的居室显得时尚前卫，而且不用的时候收起来很方便。如果篮子里的东西长时间不用或者换季了，就把篮子清空，把里面的东西都收纳好。

◯锦囊九◯

多用几块抹布！无论你在做什么家务活，只要涉及擦拭的活儿，就准备三倍数量的抹布。我们总以为同一块抹布反复清洗是最有效的办法。但对于大部分家务来说，不断换新抹布会更加迅速和高效。一旦旧抹布沾满了灰尘，就把它扔进水槽里清洗。如果留心观察你会惊讶地发现，只用一块抹布打扫同一表面的灰尘或宠物毛发竟然浪费了太多时间——因为打扫过程中偶尔会有新的灰尘落下来，当你尝试用脏抹布干净部分擦拭灰尘时，却发现原本干净的部分早已沾满了灰尘。所以，当你准备足够多的干净抹布而且效果立竿见影时，你难免会回想起之前只用一块小抹布对付污渍的尴尬场景——就像一场永远也不会结束的"刚扫完就落上灰尘"的战争。更可笑的是，你这才恍然大悟，其实之前的做法只不过是让你在洗衣机里省出了一点点洗抹布的空间而已。

就是这么简单！稍微改变一下日常的清扫习惯，就会带来翻天覆地的变化！

好习惯?
现在!
立刻!
马上

THE CLEANING NINJA   How to Clean Your Home in 8 Minutes
Flat and Other Clever Housekeeping
Techniques

你知道下面我要说什么了吧？是的，你需要整理好卧室床铺。而且，你一定要做到。不需要解释，只管做就好了。或许之前有人已经跟你说过整理床铺的重要性，但你是否曾停下来思考一下，为什么这个习惯如此重要，以至于会对清扫的全局效果发挥至关重要的作用？我知道你可能在"为什么不能早上整理床铺"这个问题上，已经花费很长时间来找寻一些貌似明智的解释了。既然你这么头脑清晰有想法，那我就再给你稍微做点补充供你参考。之后，你可以尝试多花点时间整理床铺，静观后效，甚至可以验证你之前的判断是否一直是正确的。我向你保证，你以后会爱上整理完床铺后的整体效果，并喜欢这种感觉。如若不是，你完全有权申诉"我早就不相信这点"。

◯整理床铺从未如此简单◯

只需要 27 秒钟，你就知道我说的有多正确。真的特别简单！拍拍床上的枕头，把被罩拉起来盖上，用手捋平表面就可以了！

◯效果好极了◯

床铺整理后的效果是不言而喻的，你每次进出房间的时候都会对卧室增加莫名的欣赏和喜爱之情。如果你想让自己的家看上去温馨有致，把床铺整理平整就是最快的解决办法之一。只有像你这样明智、有条理的人才会懂得每天整理床铺的意义，对不对？

◯有效对抗过敏症状◯

如果你是过敏症患者，下面这一点对你来说尤为重要。把床铺完全罩上可以避免一整天的灰尘和过敏源落在被单、床单或枕头上。这样就可以安心、自如地睡上一整晚了。

◯30 秒室内焕然一新◯

要让一间屋子从完全混乱不堪变成整洁有序的状态，任何办法都不如让床铺保持平整干净有效。如果你对自己乱糟糟的卧室感到头疼，那就每天花几秒钟时间整理一下床铺，这样你就朝着完美整洁的房间又迈进了一大步！

小小成就感，开启一整天

你知道这种感觉：当成功接踵而至、自我成就感爆棚的时候，是不是感觉自己能撬动整个地球？这些日子总是从某一种成就感开始的：你对自己非常满意，做完一件事情心情不错，以至于你似乎根本停不下来，迫不及待想完成待办事项清单上的下一项任务。那为什么不让每一天都充满成就感呢？只要起床后第一时间营造出一间优雅干净的卧室就可以了。

晚间嘉奖

结束了忙碌的一天，躺在自己精心铺好的床上，总会让人感到心满意足。这是繁忙日子的最佳收场，是你对这一天辛劳的犒赏，所有的自豪、欣慰都属于你。你还可以告诉自己，即便是在自己筋疲力尽的日子里，周遭的一切全在你的掌握。即使这一天很辛苦，躺在平整的床上会带给你积极的心态，让你在幸福满足和希望憧憬里为这一天画上圆满的句号。

居家大师即视感

在客人不期而至拜访时，你无须担忧居室的状况而欣然为客人们敞开大门，这种感觉再棒不过了。所以，打扫出一两个能拿得出手的房间还是很容易的，但很多人对于敞开的卧室门心怀忐忑，因为客人从客厅走向卫生间时可能会不小心留意到卧室的情况。如果客人看到卧室的床铺得很平整，他们肯定能注意到这一点，这种感觉特别愉快。他们肯定会对你出色的家务活印象深刻，即便他们可能发现室内还有些小杂乱也无伤大碍了。无论你是否承认，在你第一次遇到这种情况时心中一定成就感满满吧。

○为你自己代言♂

所以，你已经知道了什么才是世界上最出色的卧室整理人的标准了。他们是正直、有远见而且坚持不懈的人，他们是潮流的引领者，是开拓进取的人，是心怀志向的人。他们是那些具有自律精神的成功人士，他们的做法总让人不禁心生崇拜。许多明智的成功人士立誓，新的一天从收拾床铺开始，其中的原因是，整理床铺不仅能改变居家现状，还能改变他们的精神状态。每次整理卧室或看到早早就铺好的床铺时，你就是在提醒自己，你也是一个追求完美的成功人士。

以下是几条迅速整理床铺的妙计：

◆ 忽略你的睡枕

不要试着调整睡枕让它变得蓬松，或者过度布置，抑或是努力让它看起来赏心悦目。我们都知道，这只是浪费宝贵时间，根本没用！

◆ 用额外的普通枕头做掩饰

购买两三个普通枕头，足够盖住床头和睡枕就可以了。千万别用这些枕头睡觉，它们只是用来盖住睡觉时弄乱的枕头，可以很好地营造整洁、完美和井井有条的卧室形象。

◆ 每天在相同的位置放置一两个抱枕

床上一旦出现多余的抱枕，你就会担心不知道如何摆放它们，尤其在清晨头脑不清醒时更是绝望。其实很容易，选一对你喜欢的枕头，每天摆放在一个固定位置，之后每天照做即可。这就是枕头的自动定位！

◆ 对称布局

要让你的居室变得井井有条、温馨精致，你一定要采取对称的方法布置床面。这样不仅收拾后的床铺显得十分整洁，而且清早时间无须费神去琢磨如何收拾，轻松就能搞定。

◆ 有质地的被子不会出现褶皱

带有针织纹理的被子或填充物充足的羽绒被不容易出现褶皱，而且长久使用后也会给人时尚前卫、崭新如洗的状态。而轻薄的羽绒被或其他被褥，如果不花时间熨烫就不可能显得平整光滑，无论你怎么努力都效果一般。

◆ 撤掉多余的床尾毯，更不要乱作一团地扔在那里

如果你习惯在床尾铺上一条装饰用盖毯，或者将就着把它堆在床角，那么你最好改掉这个习惯。因为把它撤掉省时省力，而且让你的床看上去更加平整。与其每天都花时间折叠或随意扔在一旁，不如干脆把它撤掉，因为这样你的床看上去会更加整洁。

◆ 持之以恒

你坚持铺床的时间越久，你就会铺得越来越好（越快）！每天晚上你将会把枕头放在相同的位置，便于第二天早上迅速地把它们放回原处。你还会注意到就寝时通常要掀开的那只床角，以及按什么方向摆放枕头才能让它们整齐有序。日复一日，像你这样聪明（且忙碌）的人会不由自主地把铺床的工作做得渐入佳境。既然你已经知道了如何开始新一天的任务，我也迫不及待地想看到这些铺床技巧给你带来的帮助。

8分钟拯救你的小窝

最干净的
厨房

THE CLEANING NINJA   How to Clean Your Home in 8 Minutes
Flat and Other Clever Housekeeping
Techniques

毫无疑问，厨房是我们家里最容易脏、污垢最多、油渍最多的地方。通常我们会花费很多时间和精力，才能把厨房打理得干干净净，井然有序。彻底征服厨房污垢，这不仅是你做过的最具挑战性的家务活，也是最有成效的，这真是令人高兴的事情。如果还能取得事半功倍的效果，那你就太幸运了！以下是清理厨房的几个妙招：

◆ 如果你不想逐个擦洗黏糊糊的橱柜，那就试试下面这种办法！将等量的温肥皂水和白醋勾兑在水桶里，搅匀后做洗涤液，再准备一摞软的抹布。首先用一块抹布完全浸满洗涤液擦拭三四个橱柜，大约 30 秒后再用微湿的抹布重新擦拭一遍，并擦干多余的水分。调制的洗涤液可以轻松为你清除污渍，无须费力，放轻松即可！你不需要也不必用力擦洗。长远来看，这种办法更容易保护橱柜表面光洁，把你从费时费力擦洗碗橱门上黏着的果酱和食物残痕的枯燥劳动里彻底解救出来。

◆ 沿着下水道倒半杯（103 克）小苏打和半杯（240 毫升）食醋，可以清除下水道的难闻气味，再扔一把冻柠檬和酸橙，然后拧开水龙头，用水冲干净就可以了！这样不仅会让下水道气味更加清新，柠檬和酸橙上的冰块还会刮走下水道里的食物残渣。而且，令你意想不到的是，这些冰块还可以用来磨刀，让刀刃恢复往日光亮！

◆ 清理菜板上长期残留的油渍：用旧牙刷蘸上清水和小苏打糊糊，可以轻松刷掉菜板上污迹斑斑的表面。

◆ 清理白色陶瓷水槽最简单、最迅速的方法就在厨房之中！将四分之一杯小苏打和足够多的普通洗洁精倒入小盘子中，制成蓬松的糊状混合物。用一块软布蘸着刚调出来的糊糊，轻轻擦亮整个水槽，再用清水冲干净即可。你将会看到一个崭新的水槽！如果你一直都在使用浓缩化学用剂浸泡水槽，而且结果总是令你大失所望的话，那你一定会对这种简单溶剂起到的效果感到惊喜若狂！

◆ 向水槽中加入等量的清水和白醋可以让已经变暗的不锈钢水槽重新焕发往日光彩。用调和好的白醋水浸泡水槽大约 1 小时，然后用中等密齿的刷子擦拭整个表面及下水道口周围。如果你家的水槽用了很久，而且到处是划痕和凹槽，就用擦洗垫按顺时针方向轻轻把所有的划痕污垢抹去。

◆ 如果你家的洗碗机工作效力不如从前，试试快速清洗运转模式，这样洗出的盘子锃光瓦亮而且气味清新。在上排架子上放置一个可机洗的杯子，盛满白醋，开机运转。接下来在洗碗机底部撒上一杯小苏打，然后再运转一次。每月都重复上述步骤，这样你的洗碗机不仅消毒效果更好，而且清洗得更加彻底！

◆ 你可以为洗碗机自制"增亮剂"——每个清洗过程的同时，你都可以在上排架子放置一杯白醋，这样洗完的盘子就会变得无比洁净，还能避免颜色变得灰暗。但要注意一点，坚决不能把白醋直接倒在盘子间的缝隙中，因为白醋往往会在洗碗机里留存几天或几周的时间，这样会损害机器内部结构。

◆ 还有一个小窍门可以帮你节省更多时间：把同类物品摆放在一起清洗。比如所有的叉子都放在刀具架子上，所有的马克杯、所有的玻璃杯、所有的盘子等都分门别类地分别清洗。否则，洗完之后还需要重新把厨具进行分类放置到橱柜的不同位置，这会浪费很多时间。

◆ 如果你最钟爱的圆锅或平底锅底部糊锅了，用清水和软化剂浸泡一整晚后再清洗。要么把锅完全泡在倒有软化剂的水槽中，要么直接把软化剂水倒在锅里。放置几个小时或放一整晚，所有锅底的残渣都会轻松脱落！

◆ 失去光泽的铜底锅可以瞬间恢复往日光泽——取一半柠檬浸在食盐里，然后用它直接在铜锅上擦拭。与其他溶液不同，这种办法很快见效，立竿见影！

◆ 如果你最爱的烘焙托盘已经看不出原来的模样，你可以把过氧化氢和小苏打混合成糊状，再去擦洗托盘，一定会恢复往日光彩。如果托盘特别脏的话，就把糊糊倒在托盘上放一整晚再擦洗。

◆ 想要保持烘焙托盘干净整洁、完好如初，每次使用时都在底部铺上羊皮纸或锡箔，尤其是烘焙那些脂肪含量高或油腻食品。

◆ 将清水和食醋按照 1 : 1 的比例兑成清洗液清理长期有污渍的盘子。如果长期用洗碗机清洗盘子，总有一些污渍沉淀积累在盘子上。把这些盘子浸泡在半水半醋的水槽中，停留几个小时后用湿布擦净，食醋会彻底洗掉盘子上的矿物质沉淀物！

◆ 对付餐具上的顽疾，擦洗垫、无划痕擦洗垫都远远胜过所谓强效或"非强效"化学清洗液。有时候还会为你节省时间，从此不会感到无奈和沮丧。开始擦洗吧！

◆ 另一绝招——搞定烹饪时制造的混乱。如果上一次的烹饪

8分钟拯救你的小窝

冒险之旅让你把最爱的煎锅锅底烤煳了，那就向锅里加入一半清水，再加入几汤勺的柠檬汁，然后把锅放在炉子上。煮一下加有柠檬汁的清水直至稍微开始冒泡，用塑料勺子或小铲子轻轻刮掉锅底的食物残渣。它们会很快很容易、完整地脱落下来！

◆ 把洗碗用的海绵放在微波炉里高温加热两分钟会杀死细菌。这样海绵使用寿命更长，清洗更加高效！

◆ 向搅拌器中加入温水和几滴洗洁精，然后启动搅拌机，让机器保持几分钟的低速运转。下次使用之前用清水冲干净就好！

◆ 用 1∶1 的清水与白醋混合而成的溶液浸泡刀具以保持光泽度。浸泡半小时后用湿布擦干净。你的刀具会变得崭新如洗！

◆ 在蜂蜜瓶、香油瓶、食用油瓶以及其他容易洒漏的瓶底放上底托。这样橱柜内的架子会更加干净。底托变脏或黏腻后把它们拿出来换掉，以避免厨房滋生害虫。

◆ 玻璃炉灶台面上因锅沸溢出的食物会让清洗工作很麻烦，很烦心。如果你家也有类似情况，你所需要做的就是取一些小苏打和几块湿抹布。向整个台面倾洒小苏打，然后把湿布盖在小苏打上，30 分钟过后擦干净即可。如果还有遗留，用湿布蘸上小苏打擦拭那些部位，污渍就会一扫而光！

◆ 对付最脏、最油腻、最顽固的壁炉栅，你所需要的是半杯（120毫升）氨水和一个厚实的塑料袋。你要么用大型的宽口袋子分别处理每块格栅，要么用大垃圾袋同时处理所有的栅栏。把格栅放在袋子里，向袋子里加入氨水，放在里面泡一个晚上。第二天早上取出格栅，你会轻易地把它们擦干净！

◆ 用浮石清理烤箱里烤焦的物质是最好不过的了，并不需要使用任何强效化学用剂。浮石不仅能很快清除烤箱内部的飞溅物和残留物，而且它非常柔和，不会磨损烤箱内部。要提醒你的一点是：务必使用干净的石头，不要浴后用过的那块石头哦！

◆ 定期清理通风罩以保持最佳运转效果。用一大锅沸水，加入约二分之一杯（103克）小苏打。然后把通风过滤罩浸入锅内，静观奇迹！如果滤罩太大无法全部浸入锅内，你需要时不时翻动滤罩的一侧以保证浸泡均匀。

8分钟拯救你的小窝

迅速搞定
脏衣物

THE CLEANING NINJA How to Clean Your Home in 8 Minutes
Flat and Other Clever Housekeeping
Techniques

洗衣服或许是世界上头号怨声载道的家务活，平时我们都听到过别人调侃过自己家里堆积如山的脏衣服。事实上只要你稍微改变一下自己的盥洗习惯，对大多数人来说洗衣服会变成最简单的事情。在这里，我提供给你几个窍门，会让你的清洗更加高效、迅速。让你再也不会烦恼洗衣服这件事。

缩短清洗时间

谁不想快点洗完衣服呢？尤其是我们这种明摆着不太喜欢洗衣服的人，若能用眨眼的工夫搞定所有衣物那真是再满意、再开心不过了！然后我们就有更多时间去洗更多的衣服啦！耶！好吧，刚刚只是开个玩笑……

在你觉得我已经彻底语无伦次之前，我最好赶紧切入正题——节省洗衣时间的办法。无论你是喜欢还是彻底厌恶盥洗衣物，你都会领会到我推荐的这些窍门，慢慢地你还会对洗衣服产生一丝丝好感。

- 知不知道大多数的衣物不再需要分类清洗？我认为把脏衣服分类清洗始于中欧，而且很大程度上是在浪费时间。当然如果我有一堆很脏的白色足球运动服需要额外关照或者亮白处理，我也会拿出来单独清洗。可是这只是个例，并不是每天都有这种情况。如今的染色固色技术已经发展成熟，所以你完全可以把洗衣篮里的衣服直接都倒进洗衣机里！你的双手也会从数小时的分类工作中解放出来！

- 说到衣物分类，此处有例外情况！在把衣服丢进洗衣机之前，把带有色渍的衣物单独放到一个洗衣篮里做一些额外处理。这样你就不用浪费宝贵时间在所有的脏衣物中寻找那条带有污渍的裤子，也不会在污渍没经处理的情况下，就把衣服直接扔进烘干机里。

- 试着至少每天都洗一桶（或一部分）衣服。也就是说，第一天打开洗衣机和烘干机，第二天把干净的衣服叠好，第三天再收起来。不管你按照什么步骤进行，好用就行！主动清洗衣物会大大节省时间，避免让堆积如山的衣物拖你后腿或者心生挫败感！

- 不要过度清洗衣物！大多数的常规衣物，选择"快速清洗"

模式就足够了，并且每次能节省30到40分钟。这样日积月累会省出很多时间！一些带衬里的衣服如果不脏就不用清洗。比如，你穿着套在T恤外面的毛衣，出去办事来回1小时，仅需要把毛衣挂在外面风干即可，不需要彻底清洗和烘干。有人说根本就不用清洗蓝色牛仔裤，把裤子放冰箱就能消灭所有异味和细菌。好吧，这种方法真的会有点让我作呕，但这个方法或许有些道理。

◆ 保持井然有序！盥洗室里一切有可能用到的东西都要放在触手可及的地方。你可能需要一个小垃圾桶盛放烘干机里的线头，一个篮子或箱子放袜子，一个篮子单独盛放上述提到的需要预先处理的染色衣物，一个容器或托盘盛放口袋里掏出来的或在烘干机里发现的不明物件。无论检查多少次口袋，最终似乎总会在烘干机里找到一串钥匙。所以最好把东西放在某个可以找到的地方，下次用的时候就方便了！

◆ 烘干衣物的时候选择"温度冷却和自动烘干"功能，不要选择高温加热。与定速运转相比，在这种模式下，衣物的崭新度会保持得更久，而且通常整体烘干速度更快。自动烘干模式不会出现一些衣服完全烘干了直接可以叠放，而另一些还要重新脱水的尴尬。

◆ 每次烘干前都在桶里放一条大的干燥毛巾，可以吸收多余的水分，节省单次烘干用时，从而缩短整体烘干时间。

◆ 在熨烫板表面铺上一层锡纸作为热反射层,这样熨烫衣物时会双面受热。熨烫时间缩短一半!

让盥洗时间更高效

如果没有真正把衣服洗干净,那洗衣服就毫无意义,对吧?下面是我最爱用的各类衣物清洗建议,它们会给你具体的指导:

◆ 预先处理污渍的时候只能用温水或凉水。太冰或太热的水都会造成污渍的永久性停留。

◆ 每隔几个月洗一次毛巾以恢复它们的吸水能力并去除霉味。首先,向洗衣机里撒上半杯(103克)小苏打,再把毛巾放入清洗。然后再洗一遍,这一次要加入约半杯(120毫升)的白醋而不是清洁剂。最后烘干即可,不需要加入烘干纸。你的毛巾至少看上去像新的一样,也可能保存得更持久!

◆ 在盥洗室放一支干后可擦除的记号笔,这样你就可以在烘干机或机门上方留下记号,提醒自己哪一些衣物只需要风干。

◆ 在衣服中加一勺精制食盐(5克)会让衣服颜色更鲜亮,且防止易掉色的衣物之间相互染色。

◆ 自制衣物香味提升剂,让衣物存香持久——将三杯(618

克）小苏打，三杯（724克）泻盐，30滴甜橙精油和30滴薰衣草精油混合在一起。每次洗衣服只取约四分之一杯（52克）的混合溶液，直接放在桶内衣物上方即可。

◆ 将一杯过氧化氢（240毫升），四分之一杯柠檬汁（60毫升）和两杯水（475毫升）混合在一起制成超级亮白浸泡液，并用玻璃罐储存。洗衣服前倒在任何需要额外提亮颜色的衣物上，或用溶液浸泡非常脏的衣物泡一整夜。可以用它洗衣服、枕头、床品还有毛巾，而且柠檬汁会让衣物焕发沁人心脾的香味！

◆ 清除污渍的重活可以让太阳来做！我们都知道太阳对家具、地毯还有窗户上的印花有漂白清洁作用。所以为什么不加以利用呢？如果你发现一处很难洗掉的污渍，试着在大热天把它拿出来暴晒。对一堆白色衣物进行亮白处理后，拿出来晒晒太阳也是个不错的选择！

◆ 定期清洗洗衣机，避免辛苦劳动后还要重新洗一次带有霉味儿的衣服（或者一整天都在四处探寻，苦恼这种怪味儿到底是从哪儿来的，直到最终发现是自己的毛衣）。你所需要做的是直接在空空的洗衣机桶内加入两杯（480毫升）白醋，并调成热水或漂洗模式。在不加入清洗剂和白醋的情况下，再次进行热水循环模式冲走所有垃圾。

◆ 自制去皱喷雾，解决经久未叠放的衣物皱纹——向空的喷雾瓶内加四分之一杯（60毫升）织物软化剂和四分之一杯（60毫升）白醋，然后用水加满。不停地摇晃，最后一瓶去皱喷雾就制成啦！

污渍
消消乐

THE CLEANING NINJA How to Clean Your Home in 8 Minutes
Flat and Other Clever Housekeeping
Techniques

我们的日常生活中总会有意外情况发生，比如有污渍溅到身上，那么下列工具和妙计应该能帮你解决些疑难问题。

把下列这些污渍清除剂直接轻涂在污渍上，有其他说明的例外：

- ◆ 圆珠笔水：发胶＋水（把发胶喷在污渍处，停留几分钟后用温水冲掉）

- ◆ 烧烤酱汁：凉水＋醋＋洗涤液

- ◆ 甜菜汁：凉水＋过氧化氢＋小苏打

- ◆ 果酱：冷水＋醋或温水＋过氧化氢＋小苏打（用温水冲洗污渍，然后用过氧化氢和小苏打混成的糊状物直接擦拭污渍即可）

- ◆ 血渍或其他体液：盐＋凉水或过氧化氢（向盛水的碗中加

15克盐然后浸泡一个晚上）

- 烛蜡：电熨斗＋纸巾（把纸巾放在蜡上，然后用电熨斗在上方加热使蜡烛融化到纸巾上）

- 炭灰或灰烬：凉水＋洗洁精

- 巧克力：温水＋洗洁精（从污渍的反面用水冲洗，然后再用洗洁精冲）

- 咖啡：水＋醋

- 蜡笔痕：小苏打＋干布（在脏处倾洒小苏打，然后再用干布擦拭）

- 除臭剂：小苏打＋过氧化氢＋水

- 胶水：凉水＋过氧化氢＋小苏打（把这三种原料混合起来，并用混合溶液浸泡污渍，直到胶水痕迹足够柔软可被清除或洗掉）

- 草渍：白醋＋洗洁精＋凉水（用醋浸透污渍，然后放入盛有凉水和洗洁精的碗中浸泡）

- 油脂或油：小苏打＋洗洁精，粉笔或外用酒精

- 口香糖：冰块（用冰块擦拭口香糖，直到口香糖受冷结块。硬到一定程度就可以从衣服上清除了）

- 染发剂：发胶＋温水＋洗衣液（首先用发胶浸泡污渍，保持30分钟，然后用温水和洗衣液用手洗）

- 化妆品（眼影）：无油卸妆油＋洗洁精

8分钟拯救你的小窝

- 化妆品（底妆）：剃须膏 + 干净的布（把剃须膏直接涂在脏处，几分钟后用干布轻轻地把污渍清走）
- 化妆品（口红）：发胶 + 凉水
- 马克笔：外用酒精 + 纸巾（蘸着酒精直接擦拭污渍，然后用纸巾轻轻擦走笔迹残留物；擦过的部分下次就不要再用了）
- 肉渍和肉汤：洗洁精 + 温水 + 小苏打
- 泥浆或泥垢：洗洁精 + 温水
- 芥末：凉水 + 过氧化氢 + 小苏打 + 洗洁精（用凉水冲洗污渍，把上述后三种原料混合成糊状用于直接处理污渍）
- 指甲油：丙酮洗甲液
- 油漆：发胶 + 硬齿刷（把发胶喷在油漆上，停留几分钟后，然后用硬齿刷轻轻刷动污渍）
- 红酒或葡萄汁：白酒或过氧化氢
- 铁锈：酒石酸氢钾 + 过氧化氢（将这两种物质混合形成糊状，然后直接抹在铁锈上）
- 软饮料：洗洁精 + 醋
- 汗渍：小苏打 + 水或柠檬汁
- 番茄（汁，酱）：醋 + 洗洁精 + 凉水

处理污渍之前，从衣物的反面用微温水冲洗。这样污渍会自动原路返回，阻止污渍在纤维衣物上舒适地扎根。下面是几条常规建议：

◆ 时间至上

一看到污渍就赶紧清理。确切地说，如果有机会的话就应该立即着手处理。污渍在衣服上停留的时间越短，就越容易被清理掉。

◆ 与时间为伴

如果你手上（或者你最喜欢的衬衫等）的污渍很难解决，那更不能有片刻耽误。如果轻微的浸泡和清理不管用，那就多泡一会！

大部分的污渍都可以通过超级好用的污渍冲洗方法轻松解决。把衣服上带有污垢的区域铺在碗上，反面向上。更确切地说，是把直接染色的那一面翻到下面。但是如果当时因为什么奇怪的原因，你正好要穿着这件衣服出门，那就适当做些相应调整。取大约四杯（950毫升）温水直接倒在脏处。对许多人来说这是祛除污渍的新思路，因为你是通过物理办法清理污渍，并没有使用化学物质或者擦拭。在很多情况下这种办法都很奏效！

妈妈应该
告诉你的
10 条真理

THE CLEANING NINJA How to Clean Your Home in 8 Minutes
Flat and Other Clever Housekeeping
Techniques

有一些持家真理是世代相传的，其中有一些道理至今仍未被推翻，但有一些道理或许已经被质疑。有时候妈妈最了解如何做家务！至少下面列出的这些技巧和方法能让你相信祖辈的经验智慧。

真理一：家务每天都要做而不是一周一次

有时候我们似乎已经忘记了做家务是每天都应该做的事情。我们总是尝试着把所有的家务都攒到某一个周六短暂的早上。科技的进步的确让许多工作更方便、更快捷，但是每天都保持屋内井井有条，避免积攒到一发不可收拾的混乱场面，这让我们每天都感到十分舒心。

真理二：丰富的是清理工具而不是清理产品

高质量的扫帚、拖把、羽毛掸子和真空吸尘器如若保存良好可以用好几年，甚至一辈子。同时，它们给你的生活带来便利。我们似乎都热衷于百货商店货架上的那瓶魔力清洁剂，相信这瓶物美价廉的产品会带来立竿见影的效果。但一旦你手上有一些质量不错的清理工具，你就会知道它们才是最好用的。

真理三：你可以用醋把所有的东西打扫得干干净净

我们并不是高估所有从商店买来的清洁剂，但99%的产品的确被高估了。如果你家里只有存放一瓶清洁产品的空间，那就存放一瓶白醋，它能胜任绝大多数的清洗工作。

真理四：随手清理

一分的治疗胜于十分的补救！随手整理房间并保持原样，这样你家里就会一直保持井井有条。这再简单不过了！与收拾巨大混乱相比，维持房间干净整洁只需花费少量时间。

真理五：家务活是一门艺术

家务活是一项重要的工作，它会在不同程度上深刻地影响着每一个家庭成员。家务活是一门艺术，也是一门科学，甚至是一项事业。老一辈的人们深知打理家务的重要性，并给予家务活应有的尊重、时间和关照，整洁的房间也让他们受到理应的尊重。每天都给予你的家庭和家务活应有的尊重，那么它也会给你无尽的回报。

真理六：形成奏效的、令人享受的家务规律

如果所有的日常家务工作能形成规律，那么所有的家务活都能习惯成自然。形成有效的清扫规律是很重要的，确切地说你就不用参考别人的清扫规律了。一旦形成习惯，那么所有的必做小事都开始显得顺其自然，不需要额外费心或担忧。让我们面对现实：你的大脑可以用在其他更重要的地方，而不是时刻惦记什么时候才能把餐具从洗碗机里拿出来。

真理七：把大目标拆分成几个小目标

对繁重或似乎很繁重的家务感到沮丧是很正常的事情，因为你的确不想去做。我们都一样！把大的目标分解成几个微不足道的小任务，直到你不再发怵，然后逐个击破即可。好处是，如果这天恰好有其他人可以帮助你，很容易就能把这些小任务分配给别人去做！

真理八：首先要照顾好自己

不要让清扫和整理家务让你感到无法分身，无法去做本应该做的重要事情。首先照顾好自己是很重要的，你才能精力充沛，并能专心致志做事免于分心。确保自己能够享用美味，可以获得充足的休息，保持水分充足，而且着装得体舒适。这样无论今天

发生什么，你都会自信满满。无论做什么你都会做得更好、更快、更得体。长此以往，你将拥有积极心态去完成家务。

○真理九：让家务更精致，而不是更繁重♀

之前你听过这样的说法：今日事，今日毕！好好考虑一下怎样完成"待办事项"上的各项任务——比如读一下这本书！然后你会发现不同于以往日复一日的烦累，家务活会开始变得越来越轻松、越来越得心应手。

○真理十：你会变得越来越好♀

无论你多希望瞬间变成世界上最出色的家庭主妇，你绝不会一蹴而就。但令人欣慰的是，只要你能多留意、多关心、多花点时间做家务，渐渐地你会做得越来越出色。做家务总是会有新的挑战，但这些挑战也会给你增添新的技能和智慧。如果你足够精明拿起这本书并试着拓展自己的清扫技能，那么不知不觉中你会变得令人刮目相看！

8分钟拯救你的小窝

浴室就要
闪闪亮

THE CLEANING NINJA How to Clean Your Home in 8 Minutes
Flat and Other Clever Housekeeping
Techniques

你家里晶莹剔透的浴室正如皇冠上的宝石一样璀璨。

——考特尼，一个不擅长诗作的人

好吧，或许用诗歌的方式来形容浴室卫生工作并不是最好的办法，事实上完全没有必要。一间干干净净、光彩熠熠的浴室带来的感官效果是不言而喻的，这也是任何一位自豪的一家之主感到满意和欣喜的一面。要成为这种自豪感爆棚的主人，那就接着读下面的几条建议吧：

- 首先，掸去灰尘后再用喷雾和清洁剂打扫浴室。浴室是污垢极易集聚之地，所以事先清理掉大部分的绒毛和浮尘会事半功倍。
- 清扫之前让浴室温度提高 10 度会提高一半的清扫效率！动手清扫之前打开淋浴器，几分钟后产生的蒸汽会让残留的污垢更容易清理。

◆ 总体上来说，整洁的浴室卫生保持起来会更容易、更省时，所以，除了洗手液和其他装饰物，尽可能地把杂物从柜子上和台面上拿走。

◆ 用白醋把花洒及周围区域先浸泡 1 小时左右，然后擦干净，可以除掉硬水水垢。如果只有花洒出水口处有污渍，那就将装有白醋的塑料袋用橡皮筋系在喷头上，浸没污渍区域。如果到处都有水垢，那就把泡有白醋的抹布铺在水垢上。沉积很久的水垢会更难处理，而且变得更厚更硬，所以水垢清理应该定期进行。

◆ 如果你想淋浴后能立刻照浴室镜，而不是隔着一层水雾，那就在常规镜面清理后，在浴室镜上甚至玻璃浴门上涂一层便宜的剃须膏，涂上之后再用干净的干布擦掉即可。这样一来，镜子上再也不会有雾珠了！

◆ 将汽车挡风玻璃上用的防冻液涂在玻璃浴室门上，还有浴室镜上，以阻止水渍残留。同时，这也是防止镜面起雾的另一种途径。

◆ 用湿的、旧烘干布擦除浴室门或浴室墙上的肥皂渍。一擦就亮！

◆ 在浴室中任何金属容器底部涂上干净的指甲油以防止生锈。指甲油会防止水与金属表面的直接接触，所以金属永远不

8分钟拯救你的小窝

会生锈。

◆ 洗洁精和小苏打的混合物能把最脏的浴盆变得一尘不染。将洗洁精和小苏打混合成糊状，用抹布蘸着擦拭浴盆后再用水冲洗，浴盆一定变得一干二净！

◆ 向浴盆下水口倒入半杯（103克）小苏打和半杯（120毫升）白醋，然后立刻堵上下水口，保持10分钟左右。再用热水冲洗下水口，以清除下水道污垢。经常这样做还会防止下水道阻塞。

◆ 一只旧的睫毛膏棒是清理下水道里毛发的最佳选择（而且能紧紧缠住颗粒物），这可比用手指伸进去抠要简单多了！

◆ 如果你不愿意费力擦洗浴室，那你应该准备一只备用的碟刷。每次洗完澡都用刷子把墙和浴盆好好刷一遍，不给肥皂渍任何机会。你可以选那种带有肥皂液的刷子或普通刷子——任何一种都可以！

◆ 清洗浴室帘的时候，向洗衣机和烘干机里放入一条旧毛巾来提高肥皂渍去除效果。

◆ 保持空气流通，避免浴室因过度潮湿而产生霉变。如果浴室有霉味，那就尽可能开一扇窗通风，或者洗完澡后把浴室门打开，拉开浴室帘。浴室内干燥后拉上帘子使其风干。

◆ 清扫马桶之前倒入一大桶水。这桶水会对马桶进行冲洗并将马桶中的水排光。再次按动冲水按钮时，马桶中才会重新蓄水。这样清洁剂就能发挥更好的效力，因为清洁剂可以接触到马桶座内较大部分的面积。

◆ 用浮石清理马桶上顽固的水垢。浮石不但不会擦伤马桶，还能迅速擦除污垢。

◆ 每隔几个月都至少把马桶座取下来清洗一次。这样会让整间屋子的空气清新起来。你一定猜不到马桶座上积攒了多少细菌，的确会比较恶心。

◆ 外用酒精是日常浴室清理工作中的最佳表面擦洗试剂。用蘸有少量酒精的抹布上上下下擦一遍，这样不仅会带走所有的残留油污，还会让一切物体格外闪亮，同时酒精还有消毒杀菌的作用。

◆ 浴室是家里每天都需要打扫的房间之一，有益无害。每天清扫一点点，会为你省去很多清扫的时间。每天用抹布擦擦这儿，清理清理那儿，很快就会让深度清洁式的大扫除成为过去式！

让小窝
井井有条

THE CLEANING NINJA   How to Clean Your Home in 8 Minutes
Flat and Other Clever Housekeeping
Techniques

事实上你并没有时间每天都用旧牙刷和白手套清扫每一片区域，但你仍然可以制造每个角落都纤尘不染的"假象"！在本章中，我将分享一些最好用的技巧，让你营造出"我一醒来就在不停打地扫屋子"的感觉。

　　无论你是想给朋友们留下深刻印象，还是仅仅想让你的丈夫或妻子、孩子或宠物狗都清楚地明白，你用了一整天的时间在家打扫屋子，为的是给他们营造一个温馨舒适的环境（当然，他们应深怀感激）。总有一些时候，我们真心希望别人能够看到我们付出的努力，或者让对方感觉到我们已经付出了努力。这完全看你怎么选择了。当然，大多数人日常打扫房间时都把东西整理和摆放得井井有条。但是我们都知道，许多细节可能不会被别人注意到，你懂我的意思吧。我们时常会有一种沮丧的感觉，比如"我真的一整天都在打扫屋子，但为什么没有拿得出手的成效呢？"

不管你的屋子是否真的变得干净整洁，也不管你是否两三天都没有进行常规打扫了，下面的这些妙计将会给你增添一种能被感受到的"我天生就会打扫屋子"的感觉。

给所有的东西都加上标签

别人看到你家里东西上都贴有标签时，会认为你是一位有条理（且明智）的家庭主妇。一定程度上，我们本能地认为一个有条理的人同样也是一个喜欢干净的人。因此，一个"真正"有条理的人肯定是一个"真正"爱干净的人。同理，表面上"非常非常"有条理的人，同样是"非常非常"……好吧，就是这个意思，你能想象出别人眼里的判断。与其告诉别人，"嘿！看我！我是个非常有条理的人！"不如用一些小标签来证明。为了让标签看上去整齐划一，最好用标签打印机或电脑打印标签。当然，如果你能给储物室也加上标签会更好！我非常赞同这一点，因为这样就能确定工具的位置了。一旦所有的东西都加上了标签，无论别人什么时候来你家，都会认为你是个非常有条理的人，而且印象深刻！事实上，或许你真的应该变得有条理一些，这对你有百益而无一害。

从容对待深层清洁工作

当然，我绝不是说不用深层清理。相反，读完以下建议，或许你最终会认真地去做更多的深层清理工作。你知道，有一些家务活，比如把家里所有的窗帘都摘下来，全部清洗熨烫后挂回去，即使你做了可能也没人会注意到。因为除非你有 35 年都没清理窗帘上的灰尘，否则洗干净后的窗帘和那些偶尔用吸尘器清理过的窗帘并无二致。但是清洗干净的窗帘不会让人过敏，而且清洗的时候会让你记忆犹新。如果你一次性地搞定了这项工作，那么你会陷入"忙了一整天却好像什么都没做"的状态。所以慢慢来，放轻松，别紧张。这才是明智的做法——先做一部分，剩下的留着明天做。事实上，这种办法会让你的生活与众不同，因为像这样做一半留一半的方法会让家务活更迅速、更轻松地完成。而这也将成为你炫耀的资本——你是一个如此注重细节的人！因此把干净的窗帘放在熨烫板上，不要急着把它们挂回去；或者让它们在洗衣机里泡上一整夜。千万别期待今天洗完的窗帘能成为闲聊的话题，因为日常生活中谁会在晚餐闲聊时谈到窗帘呢？让别人看到你洗过的窗帘，而且还没有完全整理完毕即可。不用你说，别人也知道你付出的努力。哦，是的，他们会知道的。这或许会成为今后定期清洗窗帘，或打扫所有灯架，或用吸尘器清理所有窗户纱窗的动力。如果你已经避开了那些没有被人们真正注意到的繁重家务，那么其他人来做客时也很难注意到。相反，他们会感叹你为何如此爱干净！你既可以告诉他们你的"轻松应对"小秘密，也可以让他们继续在"无比整洁的光环中"赞美你，选择权完全在你手里。

用干净的颜色装饰房间

当我决定把几个主要房间粉刷上全新的白色哑光和钟爱的暖灰色时，在别人看来，我的房子比以前干净了六七倍。相信我，我们的房子是用来居住的。只要家里有孩子或者只要有人住，墙面上总会有一些乱抹乱画和脏乱的东西。这样一来，任何人都不会因害怕弄乱客厅而拒绝享受一杯咖啡。我邻居和他女儿第一次来我家做客的时候，我以为小姑娘可能不喜欢喝咖啡或者吃香蕉面包，只给他们提供这几样东西享用貌似有点唐突。过了几周我发现，小姑娘很喜欢咖啡和面包，只是担心把我别致整洁的客厅弄脏，所以才不不好意思吃东西的。这件事情的确给我一些启发。当时我也弄不明白，为什么她会认为在我家这种非常普通的客厅弄洒咖啡会是件后果很严重的事情。后来我发现，是室内墙面的颜色在作怪！一粉刷完墙壁我就立刻感觉到房间比以前看上去更干净了，所以渐渐地我开始反复加入更多的亮灰色和闪耀白，这让我感到开心。很明显，这并不是我的一己之见，而且干净的颜色给房间营造出干净整洁的效果，正如我家其他几个用干净颜色粉刷过的房间一样。下次有时间我会详细讲解全部颜色，在此我只列出装修时可以采纳的几种显干净的颜色：

- ◆ 柔灰色
- ◆ 鲜亮白
- ◆ 浅青灰
- ◆ 海军蓝
- ◆ 水蓝色
- ◆ 带少许黄的鲜绿色
- ◆ 非常柔和的黄色（这种颜色不耐脏，而且可能有点难打理）

对称布局

对称布局非常容易引起人们的关注，而且人们的目光也会在此短暂停留。这对你来说是十分有利的，有这么几个原因。首先，在某种程度上你可以控制别人的视线方向，他们会注意到家里壁炉架上漂亮的花瓶，或咖啡桌两侧对称摆放的椅子，而不会注意没来得及清理的墙角，或者塞满了书却没来得及整理的书架。室内的对称布局也是一种给别人留下井井有条印象的小伎俩，别人会认为你是个对家务活一丝不苟的人，因为从表面上看你喜欢把所有的东西都做对称式的布置。

拥有一个羽毛掸子

没有任何一种工具能像传统的羽毛掸子那样一丝不苟地坚持"打扫房间，我是认真的"。似乎人们认为羽毛掸子是一种派不上大用场的小工具，只有清洁时间充裕或假装自己很时尚的人才会使用羽毛掸子。实际上，高质量的羽毛掸子能帮你毫不费力地清除灰尘，即便是最难够到的地方，也效果明显。在房间里用羽毛掸子随意掸一遍，短短几分钟就能让所有的东西都焕发光彩。我总认为羽毛掸子有点像传统的清洁"雇佣工"，它们能让劳累的工作变轻松——而且变得更有趣！是的，手持羽毛掸子看上去真的很时尚。

坚持整理床铺

或许之前你就听说过这个道理。事实上，如果你读过"好习惯？现在！立刻！马上！"一章，你就会明白。我知道你肯定读过了！没有什么比整理床铺让一间卧室看上去更整洁、更有序的事了。如果你担心别人去洗手间时会看到卧室杂乱的样子，那么整理好床铺会彻底改变他们的印象。相反，不管家里其他地方再怎么整洁，只要客人看到一张乱糟糟的床，那一定会给别人留下不好的印象——认为你平时也疏于收拾房间。整理床铺虽然很容易，但回报却是巨大的，动手去做吧！

让别人看到你的努力

如果你想展现居家达人的形象，那么让别人看到你做家务的场景就是最好的表现方式了，因为他们会把你和"整洁"这个概念联系起来。我并不是说非得跪在地上用刷子擦地，事实上这种场景还真有点尴尬。我是说，你要毫不犹豫地像平常那样拿起抹布到处擦拭家具，或者进入房间后立即花几秒钟整理一下房间。虽然这看上去似乎有点做作，但当你真的想向别人传递"嘿，我已经搞定了这些家务活"的信息时，让别人看到你的行为过程会更有说服力！

处处都
锃明瓦亮
就对了

THE CLEANING NINJA   How to Clean Your Home in 8 Minutes
Flat and Other Clever Housekeeping
Techniques

锃亮的家具会让整个居室看上去一尘不染。下面的方法会让所有的玻璃、镜子、带亮面的家具瞬间变得无比光亮。

　　我们似乎一直在寻找一种完美的工具或清洁产品，能让我们的镜子一尘不染，保持百分之百的完美。事与愿违，世界上并没有这种工具或产品。我发现最好的清理镜子的方式就是连环出击。首先，使用清洁工具。我喜欢在一堆咖啡过滤纸上稍微蘸一些外用酒精。酒精可以很好地清洁镜子表面，而且能够完全挥发，而咖啡过滤纸会吸收所有的灰尘和雾珠，最终不会留下任何杂质。然后，我喜欢用一块干燥的微纤维抹布重新擦一遍。干干净净，屡试不爽！

窗户

如果打扫镜子需要连环出击，那么擦窗户则更像是一套组合拳。首先擦去窗台和边框上的灰尘，并用吸尘器清空内槽。接下来用一块带有温肥皂水的抹布去清洗整个窗户区域，包括所有的塑钢或木质窗框以及玻璃部分。最后像擦镜子一样，使用酒精、咖啡滤纸和微纤维布将窗户擦亮。

银器

银器要每隔几个月就擦拭一次，防止污垢长期沉积，这样银器看上去会很美。最简单的方法就是一次擦一大批银器。在水槽或大碗中铺上铝箔，亮面向上。然后把所有的银器放入后撒入约半杯（206克）的小苏打，向水槽或碗中加入热水，等水冷却后取出银器，并用柔软的干抹布将残留的污垢抹去。

黄铜制品

对于那些光泽晦暗的黄铜制品，用柠檬汁和小苏打制成的糊状物和柔软抹布清理。日常润色可使用软布和少量蜡制家具抛光剂搞定！

家用电器

在集中精力打扫家居饰物的时候，我们似乎忘记了家用电器。它们很快会堆满灰尘、沾满指印，不知不觉地让家里看起来很脏！用质量好的羽毛掸子时不时地清理家电四周，用普通玻璃清洁剂擦拭屏幕和需要擦拭的配件部分，可使其长期保持光洁如新。可以用药棉蘸上外用酒精擦拭按钮和难以擦到的部分，效果非常赞！

◦装饰性的玻璃和陶器◦

事实上很多玻璃和瓷器件不是擦得次数越多越好，因为这些物品很少会有痕迹或指纹堆积在上面，因此经常用羽毛掸子清理一下即可。当你想要好好地清理一番的时候，无论用湿抹布还是玻璃清洁剂上下擦拭时都要戴上薄薄的白手套。这样就不会留下指纹，还会为你手上的器具增添光亮！

◦木制家具◦

木制家具应该定期上光以保持家具长久耐用，同时还可以确保家具长期保持典雅有品质。无论你用的是商店里买来的抛光剂还是自制的，记住用少量试剂就可以了，而且一定要用非常软的布进行擦拭，避免产生划痕。自制抛光剂方法：用半杯（120毫升）橄榄油和四分之一杯（60毫升）柠檬汁混合即可，记得要放在冰箱储存。

花岗石

　　花岗石台面（或其他花岗石装饰）的日常维护只需要用温肥皂水上下擦拭，再用外用酒精进行消毒即可恢复花岗石的光泽。千万不要使用柠檬汁或白醋，因为它们的酸性物质会腐蚀那块美丽而闪耀的石头！

大理石

　　大理石和花岗石非常相似，但大理石质地更加柔软而且更容易被弄脏。像对待花岗石那样，绝不能使用任何酸性清洁剂清理大理石，因为这会即刻造成蚀刻痕迹（任何酸性的物质掉落在台面上也会造成这种痕迹）。所以简单使用一点肥皂水就可以了。对于其他落在大理石台面上的污渍来说，可以用小苏打、洗洁精和少量清水混成的糊状物进行清理。直接把它涂在污渍上，并用塑料包裹住以免很快干裂，保持一天左右再进行清理就会容易很多。

瓷砖

　　如果你家的瓷砖看上去有点晦暗，用弱酸物质如兑水的柠檬汁进行清理，就可以恢复之前的光泽。而清理污垢才是保持整体瓷砖最佳效果的关键。用小苏打和水混合清理所有污垢。对付一些顽固的污渍，需要保留一整夜。

8分钟拯救你的小窝

铬合金制品

用常见的微纤维布和少量清水很容易就能让铬合金制品变得格外明亮。但如果你家的铬合金制品略有生锈，那就取一罐可乐作为清洁剂。把可乐倒在软布上，然后大面积地在铁锈上擦拭。找一块铝箔来擦，铝箔会轻松擦掉铁锈，且不会造成任何划痕！

拉丝金属

用醋和清水混合溶液清洗拉丝金属再合适不过了。然后打一遍家具抛光剂，既可以保护金属，也便于日常清理。

油铜及其他深色金属饰品

深色金属饰品在任何房间都可能成为靓丽的装饰，但一旦落有灰尘或沾满指纹就大打折扣了。有时间的话，我特别喜欢用抛光剂把深色金属擦拭得光鲜亮丽。但如果是玻璃灯具或类似物体上的深色金属饰品，则不适合用油制或蜡制清洗物。这种情况下，好一点的玻璃清洗工具就可以胜任。尽管我喜欢用外用酒精擦拭玻璃，但我会避免直接用酒精擦洗深色金属饰品，因为它们只是一层金属喷漆，外用酒精可能会让油漆脱色。

不锈钢制品

不锈钢是一种十分普遍的金属，而且目前大多数家庭都有不锈钢制品。有很多清洁溶剂可以用于清理不锈钢制品表面，所以要选择最适合你的那种。通常来说，任何用于清洁表面的物质都适用于大部分不锈钢制品。由于不锈钢产品的光泽度和纹理不同，所以你需要试验一番。较好的清洁剂包括日常玻璃清洁剂、家具抛光剂、湿润的微纤维布和婴儿润肤油。

○塑料、塑胶和树脂制品○

塑料制品不仅价格便宜而且易于打理，与那些沉重昂贵的金属制品一样可以给人赏心悦目的感觉。大多数情况下，用打理玻璃或陶瓷饰品的方法打理这些塑料饰品——尽量小心，不要弄上划痕，因为这样很容易让塑料制品失去光泽和吸引力。

家中
现成的
清洁神器

THE CLEANING NINJA   How to Clean Your Home in 8 Minutes
Flat and Other Clever Housekeeping
Techniques

千真万确！一直以来那些微不足道的清洁神器就在你的眼前！别误会，不会有外星人半夜去你家投放来自遥远星球的自动清洗机，但你家里的确有一些高效率的免提式清洗神器有待使用，比如便携式洗碗机和洗衣机。下面列出了一些妙用机器的窍门，这些方法或许你之前从来没有想到过。

洗碗机妙用

你的洗碗机不仅可以刷盘子洗碗，还可以帮你完成很多其他的家务活！这里列出了一些洗碗机可以清洗的物件，相信会给你一些启发。我确信如果你仔细观察一下，还能找到更多可以用洗碗机清洗的物品！

可以用洗碗机清洗的物品

- ◆ 吸尘器附件

- ◆ 门把手

- ◆ 插座盖

- ◆ 纱窗

- ◆ 通风格栅

- ◆ 小垃圾桶

- ◆ 冰箱柜和冰箱托盘

- ◆ 灯具上的玻璃部位

- ◆ 塑料梳子

- ◆ 肥皂盒，牙刷架以及其他浴室配件

- ◆ 塑料玩具

- ◆ 清洁工具和刷子

- ◆ 牙刷

- ◆ 发夹

- ◆ 棒球帽

- ◆ 水槽塞

- ◆ 基本工具

- ◆ 园艺工具

- ◆ 假花假树

8分钟拯救你的小窝

◆ 桌子配件

◆ 储藏容器和架子

◆ 抽屉把手和橱柜门拉手

注意事项

如果以前你从来没有用洗碗机洗过上述物件，那么第一次清洗的时候要设置为最低温度，并把它们放在第一排架子上——如果能放进去的话。

大多数情况下，不能把这些东西和正常的盘子一同清洗。这是最基本的常识！

以清洗上述物体为由进行常规洗碗机清洁工作，正如"最干净的厨房"一章所陈述的方法。洗完所有非常规物体后将洗碗机调成清洁循环模式。这样，下次洗盘子的时候，洗碗机还是干净如新的。以后不管洗什么，洗碗机仍会平稳运行很长一段时间。

把小型物件放在炊具架或顶层网袋里。

有些物品与其用常规洗碗剂清洗，不如在洗碗机顶层架子上放一杯（240毫升）白醋清洗效果好。

洗衣机妙用

洗衣机和烘干机可能是清洗强度较强的家电，但有时候这正是你所需要的。下面的列表你会看到，有些东西扔进洗衣机会洗得更好、更轻松！

可以用洗衣机清洗的非常规物体

◆ 填充毛绒玩具

- 枕头

- 沙发坐垫套

- 乐高玩具（放在网袋里）

- 毯子

- 窗帘

- 双肩包和便当袋

- 高脚椅罩和汽车坐垫套

- 浴室窗帘（即便是塑料材质的）

- 汽车脚垫

- 瑜伽垫

- 椅垫

- 沐浴玩具

◆ **注意事项**

与洗碗机相比，洗衣机的清洗强度更大，因为洗衣机可以通过滚动揉搓，把物品洗干净。

有点常识的话，第一次用洗衣机清洗非常规物体的时候应该用冷水。冷水会让清洗环境变得更温和，避免造成损伤。

把常规衣物和上述非常规物体一同清洗的时候一定要谨慎，检查一下非常规物体上是否有钩子，拉链以及其他有可能会卡在柔软衣物上的异物。

完美的
室外空间

THE CLEANING NINJA   How to Clean Your Home in 8 Minutes
Flat and Other Clever Housekeeping
Techniques

我们室外空间的干净和整洁程度肯定比不上室内。打扫室外空间时，你除了要像打扫室内常规的浮土和灰尘外，还要应对一大堆迥然不同的清理挑战。因此要想让室外环境变得像室内那样舒适宜人，你或许需要掌握一些额外的技巧。以下是一些能帮你快速清扫室外环境的妙计！

擦洗室外窗户

如果你的房子和我家一样，完全置于尘土飞扬、蚊虫众多的环境中，那么让室外一侧的窗户保持干净如新是很难的。如果你家的窗户外面落满灰尘和蜘蛛网，那就先用旧扫帚清理一遍。接下来，用花园里的水管或压力水枪好好喷一喷窗户。自制清洗溶液——约3.6升的水，一勺（15毫升）洗洁精和一勺（15毫升）增亮剂。用一个长把儿刷子蘸着溶液在窗户上多擦几遍，然后快速用水把溶液冲走。最后，用橡皮刷把窗户上多余的水分擦掉。每次擦拭过后都用抹布清理橡皮刷。如果你发现之前用硬水清洗窗户时留下了白色水垢，那么在用上述方法擦洗窗户之前，先用等量的水与白醋配成清洗液进行擦拭，这样很快会把污渍除掉。以后你的清理策略就是，尽可能地预防窗户上落有杂物。夏天时候，每隔一个月左右我都会在窗户和门周围喷上防蜘蛛喷雾，阻止窗户上方落有蜘蛛网，长此以往也不会有蜘蛛网在此遮挡我的视线。也有一些人告诉我，在窗户上喷洒汽车玻璃水能让雨水把污垢冲走，我还没有过尝试。

夹板和露台维护

无论你的夹板露台是一个崭新的、高端的会客场所，或是老旧、普通的露台，多一点点的关照和维护会让夹板更长久地保持完好无损，并增添享用时的欢乐。所有露台木夹板（或者混凝土、砖、石头露台）都需要保持整洁，尽量免遭恶劣天气影响。像清洗侧板那样定期用压力清洗设备清理夹板，而且每隔一两年还要用木板特制密封胶保养一次。不要使用强效化学木板清理剂，因为大部分试剂只能起到漂白的效果，完全没有必要。如果你需要借助外力才能把夹板打扫干净，那你可以用些温水、少量洗碗剂和一个长柄硬齿擦洗刷。这几样工具就足够了！

○ 打扫室外家具 ○

　　长期的灰尘、污垢和污染会很快侵蚀掉室外家具上的喷漆。加之长期的暴晒、风吹和温度变化，室外的家具会很难挺过一个季节！如果室外家具常年放在外面，那么和刚买回来时的样子稍做一番比较你就会发现，你的家具状况真是令人担忧！在相对温暖的月份里，你用清洗喷雾轻轻地上下喷洒一遍，再用软抹布彻底擦拭，每周至少一次。如果你住的地方冬天很冷，那么较冷的月份里应该把家具搬到室内。每个季节至少检查家具喷漆一次，必要时需要及时地补漆，或者重新着色，或重新封蜡。即便是金属家具，最好也要时常在家具上加一个保护套以防止生锈。室外用的遮阳伞、靠枕和坐垫无人使用时，应该拿到室内——即便它们使用的是户外面料——否则它们很快就会褪色。这些物品会占用很多空间，所以最好事先为户外用品准备一件专门的储藏室，否则把它们搬回房间时你会感到手足无措。如果每周你都能花些时间维护一下户外家具，那么它们会陪你度过许许多多的露台鸡尾酒晚会，而且让你充分利用户外空间。

○ 杂草 ○

　　户外空间不整洁、令人心烦的罪魁祸首或许就是杂草了，尤其是在较温暖的季节。毫无疑问，预防是战胜杂草的关键（尤其是你不想每天都抽出时间去拔草）！确保花园里所有暴露在空气中的土壤上面都有厚厚的覆盖物。每隔几周重新更换覆盖物，以保持土壤的新鲜感，而且抑制新的杂草生长。如果这个办法听上去有点贵，那就去当地废品收购中心看看！或许能找到当时修剪树木后留下的覆盖物，或者可供当地居民免费使用的庭院废弃物！这种办法简直就是我的救命恩人，或者说是花园的救世主。此外，你还要随时检验住宅前的车道和露台上长有杂草的裂缝，及时用车道填缝剂或聚合砂修补，这些物质遇水后会自然填补露台上的石缝。尽管总会有一些杂草在你家草坪或花园里生根，但大多数情况下它们并不会让你家看上去好像完全无人问津的样子。如果你能保持自家空地上杂草无遗，花园里铺上新鲜的护盖，及时修剪草坪，那么你会成功升级为超级厉害的园艺家。然而总会有些不听话的杂草出现在不恰当的地方，恣意蔓延，那就在大太阳底下向杂草上倒一些醋或者加点精盐（仅限于那些长不出植物的区域）。只需几个小时就能解决问题。尽管我们通常认为杂草就像害虫一样难以斩草除根，但不要忘记有些杂草实际上只是些野花而已。事实上，只要你的户外空间看上去井井有条且有修剪的迹象，这些杂草也会非常美丽，因此要试着降低你对杂草问题的担忧。

♀动物（含昆虫）♂

我们都希望去室外庭院的时候能够欣赏鸟栖虫居的自然景观，

同时能够更加舒服地亲近自然、体验户外生活。即便是对那些执着的自然热爱者来说，他们内心也有一条界线，有时这条界线也会被逾越。蚂蚁出现在孩子的沙箱中？不可以！最爱的折叠椅上满是蜘蛛网？恶心！如果能提前让这些小生物知道何处才是它们的归宿，那么你在庭院中时会和它们相处得非常融洽，甚至你会逐渐把它们当作备受欢迎的访客，而不是害虫！下面是应对动物（含昆虫）破坏室外环境的几种方法：

蚂蚁

许多气味浓郁的香草和香料会让我们感到芳香四溢，但蚂蚁却很排斥它们。如果你想阻止蚂蚁泛滥的话，试着把丁香和肉桂混合起来放进沙箱中，或撒到花园和过道里。同样，据说鼠尾草或月桂树叶也有同样功效。

蜘蛛

蜘蛛过多积聚会给人们造成不同程度的影响——少量几只也就让人感到恶心而已，但数量一旦过多就可能造成危险，这完全取决于你居住的环境和当地蜘蛛的类型。你可以尝试的一种简单方法，就是夜间尽量减少使用室外灯具。因为灯光会吸引小虫子，而蜘蛛则以捕捉小虫子为食。因此，如果你经常开着门廊上的灯，那么你的门廊无疑会成为蜘蛛的聚集地。同时，也要确保容易出现蜘蛛的区域不要有过多的装饰和布置，而且每个花盆和四周墙壁的间距要足够宽阔，因为众多装饰物之间的小缝隙都会成为蜘蛛舒适的隐匿场所。最有效的办法或许就是，买一瓶好用的家用室内／室外蜘蛛喷雾。通常大约每个月喷洒一次喷雾就足以避免蜘蛛结群。

✦ 蛞蝓 ✦

蛞蝓喜欢潮湿、清凉的环境。如果你住的地方经常下雨或者庭院不向阳的话，很可能会遇到蛞蝓的麻烦。所以，只要保持花园区域更加干燥就可以了。把花园中的植物间隔开来，让阳光照进植物间的空隙。早上浇水，这样傍晚时候土壤就干了。尝试使用地下灌溉管道来节省水分，并且这样水会直接进入植物根系而不会造成土壤表面潮湿。一些人也相信在植物根基周围撒几圈咖啡渣或粗糙的沙子会阻止蛞蝓潜入这片区域。

✦ 蚊子 ✦

和蛞蝓一样，蚊子也喜欢潮湿阴凉的地方。它们会在静止的水中繁殖，而且只需要少量的水就能繁衍出一个蚊子的微型恐怖基地。"确保水盆里的水是新鲜的"这种老办法并不会减少蚊子的数量。如果盆栽植物的托盘、孩子的玩具或烧烤炉盖在下雨时储满了水，那么这些地方也会是蚊子繁殖的佳地！蚊子虫卵只需要八天就能孵化，所以如果你能保证至少每周清理一次上述地方的积水，那么情况就会大有不同！如果植物需要的话，积水倾倒后可以立即灌入新鲜的水分。此外，让家里的庭院保持阳光充足而干燥也大有帮助。即使夕阳西下，夜色渐深，蚊子的数量也不会增多。

兔子和其他食草动物

大多数狡猾的——但又可爱的（不得不承认）——动物们都非常胆小，并且当它们认为自己可能被发现时还会隐藏在周围的某个地方。不要在花园附近设计灌木丛、石头堆或木头堆，这样你就已经胜券在握了。大多数食草动物都喜欢吃植物刚长出来的幼茎。如果你能尽早掐掉幼茎的话，等植物成熟且更加健壮的时候你就不用过于担心了。因此保护植物幼苗才是重点，你应该修建一个临时篱笆墙或用一些布盖住那些有可能不一会儿就被消灭殆尽的植物。幸运的是，因为这个问题十分普遍，所以人们会想出许多不同的好方法。比如，建一些植物大棚，或者在花园里设计可以固定盖布的便利钩，以及设计铁丝网篱笆等，都可以保证花园安然无恙。

表面光洁度

就像你努力让室内空间变得亮丽一新一样，把物体表面擦得锃亮会产生巨大的改变。如果你已经有了安排接待客人就座的座椅和放置茶饮的地方，却难以想出其他在室外既实用又容易打扫和维护的添置物。幸运的是，你只需要运用一些常识和经验，把室外空间擦得更亮一些就可以了。与其拥有众多小型耕作器具，不如让器具变得更少、更大，以方便保管。如果你能找到成对的物品放置在门口或走廊两侧，这会给熠熠发亮的物件加分不少。室外装饰物要尽可能地减到最少，如上所述，选择少量且较大的装饰物，而不是数量繁多、体积较小的摆设品。四散分布的众多小装饰物会让你的露台看上去格调不高，而且不会给人留下深刻的印象——好像你已经好多年都没有时间打理露台了，而且一直在用新的东西覆盖旧的。如果人们的注意力是绿色植被和花草，这样的室外景观才是最宜人的。只需要在会客区域放置一些靠枕，并套上你喜欢的布料即可。另外还要添置一两件带亮光的物件。你会惊讶地发现：即便是你常年极少打扫，室外空间看上去仍然整洁如新。

8分钟拯救你的小窝

怎样成为
一名
"打扫忍者"

THE CLEANING NINJA   How to Clean Your Home in 8 Minutes
Flat and Other Clever Housekeeping
Techniques

好的，我并不是说让你徒手翻越一道道 6 米的墙壁，也不是让你一个跟头就翻过几条河。我的意思是，至少在打扫家务的时候让你感到自己像一名忍者。如果在清扫房屋时你能稍微改变一下清扫习惯并善用几个窍门，你会发现自己能量满满、精力充沛。你还会惊讶地发现，自己竟能在这么短的时间内完成列表上的很多任务，而且自己还非常享受这个过程。下面是一些我最喜欢的策略和技巧。每当我需要打扫房屋的时候，这些策略和技巧会让我像超人一般动作迅速、思维敏捷。

　　当你一看到家里的琐碎家务活就说"早就应该动手打扫了，或许再等等吧……"这时……

○"列出 10 件用 2 分钟就可以搞定的小事"○

　　拿出一张纸和一支笔（或者打开手机记事本），在家里四处巡视一番。把那些显而易见的、2分钟左右就能搞定的家务记到纸上，并在列表上加上重点标记符号。这些家务或许就是收纳整理物品、擦拭物件，或者整理小地方。要选出10件事情放在列表上或许还需要一些创造力。你不仅能把所有烦心的事情做完，还能额外完成一些任务。瞧——你做得多好！一旦写完列表，用手机或微波炉定时2分钟。从第一个任务开始，循序渐进，逐个击破。或许有时多用或少用几秒钟，这都没关系。第一个小任务完成后，重新定时，然后继续完成下一个任务。很快你就能在20分钟左右做完所有列表上的事情，是不是还有些意犹未尽呢？

当你筹备即将到来的盛大节日或某件重要的事情或计划，并且需要在日常家务之余完成所有的计划安排时……

○"看我从帽子里抽出的数字是几"♀

列出五项不同的家务活，包括一些每天都要做完的常规任务（例如，洗衣服或用吸尘器打扫楼梯等）和一些筹备重要计划时要做的事情（比如包礼物或装生日礼品袋）。把这五项任务用数字1到5进行编号，把编号分别写在撕好的五张小纸片上。把纸片放进碗中，每次抽出一个数字，就去完成相应的任务。每项任务都要在10分钟内完成。如果没做完也不用担心，至少已经开始去做了！当你只用10分钟就能完成一项任务的时候，你会感到内心抑

8分钟拯救你的小窝

制不住的兴奋。每次抽签都是随机、不可预测的，这样你就不会被下一项工作分心，也不会对所有的工作感到沮丧，因为你并不知道下一项工作具体是什么！根据抽取的编号逐个完成待办事项，就会避免像平时那样花费过多精力考虑筹办生日派对的细节和压力，更没有心思去考虑自己没有足够精力应对日常家务的困扰。

当你需要同时应对多种不分伯仲的事情，分身无术时……

"做点这个，再做点那个"

有时候你觉得需要立刻完成的最重要事情不止一件，或许需要同时、立刻去做三件事情。问题是在这种情况下，如果我们只专心做一件事情，那么从头到尾做完这项"巨大工程"后通常会感到筋疲力尽，此时觉得应该好好休息一下。比如，我们一鼓作气叠完四大堆衣服，这虽不是什么大事，但也会觉得身心疲惫。事实上，中间的休息只会徒增完成后续任务的压力。所以如果你开始意识到这一点，那么就找一个计时器定时5分钟。用这5分钟先做一点第一件重要的工作，5分钟结束后再花5分钟做下一项事情。如果还有第三件同等重要的事，那就再用5分钟做第三件事情。做完后按此顺序从第一件事重新开始。这样基本上能让所有的事情齐头并进。事实上，你预计做完两三件事情所用的时间内通常只能做完一件事情！所以当你以5分钟为单位同时做多件事情时，你就不会像直接用一个小时去做同一件事情那样感到烦躁不已（更不会拖拖拉拉）！

当你今天不想做那些沉闷的工作时……

○"2 分钟期限"○

每当你特别想大喊"我真的不想做！"的时候，试试这种办法。或许你不能接受专门花一个小时，或半小时，或你认为做完这项工作所需的时间去做某种特定工作，但你却能接受花 2 分钟去做事情，对吧？花 2 分钟做任何事情都可以。那就计时 2 分钟，然后开始工作。2 分钟过后你可以去做别的事情。然后再设定 2 分钟，继续做刚才那项烦心的工作。当你看到短短 2 分钟后取得的成效时，你会感到备受鼓舞（一定会看到成效的）。或许你会吃惊地发现，原来轻轻松松做完这项工作仅需要很少的几个 2 分钟而已。这真是额外收获：每个 2 分钟之间的间隔，你还会做完很多其他事情，并且你宁愿继续工作也不愿意懒惰拖沓。

当你非常疲倦的时候……

○"慢慢来"○

如果事情看上去很棘手怎么办呢？当你还需要继续做家务却

8分钟拯救你的小窝

只想上床睡觉或者看 17 个小时电视的时候该怎么办呢？好吧，我只会在这种情况下建议你不要做列表，或者说不要立刻将要做的事情列出来。有时候你需要对自己格外好一些，尤其是在非常疲惫的时候。这时你可以站起来四处走走，寻找一件非常容易的事情去做。这件事情非常简单，以至于你认为即使马上要睡觉了都能完成得很漂亮！然后再找一件简单的事情做做。渐渐地，你的疲惫感会有所缓和，体力变得有所恢复，或许你会开始喜欢慢节奏的清扫过程。状态变好后，你再列好清单逐项去完成。反之，继续去做一些简单轻松的家务。不管你要做什么，都不能直接坐在沙发上。这样不仅不会养精蓄锐（我知道你一直认为坐在沙发上能养足精神），你还会因没有处理完家务而感到无比愧疚。

当你有一整天时间做家务却无法集中精力时……

"即刻回报"

如果你有一整天的空闲时间，而且你做了很多计划，那么为什么不动手实施呢？有时当你顺利完成几项工作但还有好多事情等你去处理时，你还是会感到无所适从。这时候你需要鼓励自己，让自己对刚刚完成的工作展现出的成果感到心满意足。那就坐下来喝杯茶，重新规划后面的任务，从那些能带来最多成就感的任务开始——那种"是的！完成这项工作我很高兴！"或者，"瞧这间屋子看上去多整洁！搞定这间屋子我很开心！"的感觉。你会沉浸在这种成就感中，很快你就会情不自禁地完成列表上的所有任务。我们天生喜欢先苦后甜——把最大的成就留到最后，最先搞定难缠的工作，但你有时需要内在驱动力的帮助。在这种情况下，你应该最先完成那些让你成就感满满的任务，然后就能轻松搞定棘手的任务了。

当你一直推迟去做那些艰巨的任务时……

○"吃大象的人"♀

你是怎样吃大象的？

一口一口地吃！

这个道理我们都听说过，但总会抛在脑后！如果你需要完成一些巨大的家务，比如清理一个放了 25 年报纸的文件柜或者一间堆满杂物的客房。我们很容易把这些清理工作推迟，"直到有时间"才做，事实上却从来不做。谁能把一周时间都拿出来处理这些家务呢？打扫完这些家务你就崩溃了，对你而言百害而无一利！所以你要做些有用的事情：把它们抛在脑后，继续正常的生活，让一切照常。如果你也有类似情况（因为我们家里都有这种相似的情形），我有办法让你保持头脑清醒，免去头脑中所有的烦心事！——每次只做一点点就可以了！至于每次都需要做什么就取决于你了，因为是你迟迟无法启动这项任务，而且只有你自己知道为什么这么讨厌这项工作。你这"一口"可以根据适合自己的时间和适合自己做的事情来衡量——比如：5分钟，或者收拾一个书架，或者每次收拾一件物品。任何合理的方式都可以。事实上做什么并不重要，只要你能去做就可以了！用不了多久，你的大象会变得非常美味！

准备好用惊人的速度和灵活的方法去颠覆家务世界——至少是你乱糟糟的房子了吗？我可以替你作答。是的！是的，你可以！

一提到忍者的时候，你会联想到他们微妙而隐秘的举动。虽然细小到难以察觉，却能带来巨大的变化。如果你愿意用上述方法尝试应对家务上的挑战，那么你就会变成"打扫忍者"。每天只需要少量的时间就能做完大部分家务——而且看上去毫不费力！

室内香味
至关重要

THE CLEANING NINJA   How to Clean Your Home in 8 Minutes
Flat and Other Clever Housekeeping
Techniques

这是个真理：清新、单纯且迷人的室内空气会让整个室内的整洁、干净与安逸度提升 93.7%。要营造一个沁人心脾的室内环境可以选择很多方法，但有时你反而会踌躇不定，难以抉择出最佳办法。通常情况下，最简单的方法就是最好的方法。下面是一些保持室内空气持久清新的办法和建议。

去除不良气味

无论你家里的恶臭是由煮饭、宠物，还是普通腐变造成的，你都可以采用一些简单的方法去除那些烦人的气味，而且无需将家里上上下下打扫一遍。在添加其他宜人香味之前，最好能处理一下这些气味，而不是忽略甚至掩盖。

保持清洁

我知道，我刚刚说过，没有必要把家里上上下下打扫一遍以去除令人不快的气味，但是我们不得不面对的现实是——保持室内环境的清洁肯定会让气味变得清新。所以，要经常留意家里那些不知不觉中容易产生异味的地毯、纺织品和室内装饰物品。

保持运转

下水道和电器（例如洗衣机、洗碗机，甚至是烤箱和微波炉）很长时间不用的话都会散发出一股怪味儿。尽量经常使用家里的这些物品，或者长时间停用期间要好好地擦拭一番。

打开窗户

似乎这种方法非常常见，但这种应急方法通常容易被忽略。打开窗户给整个房间通风换气，让新鲜空气充盈着所有房间。我们的鼻子已经适应了充满各种气味的房间，几乎闻不到令人喜爱的新鲜空气味了，以至于我们会把没有气味的新鲜空气当作一种绝佳的空气清新疗法——无气味治疗。

绝不能低估小苏打的力量

人们忽视小苏打的原因是觉得小苏打老土，太常见了，而且没有现代清洁产品那种华丽的包装。但涉及异味清除剂时，小苏打却是最好的、最有效的。多买一些小苏打，可以广泛使用在各种场所。

用沁人的气味提升氛围

一旦中和过家里潜存的不良气味后，你可以用下面的方法提升空气中的清新气味。室内的香味能大大提高室内氛围，提升情绪，提高能量级，而且在某种程度上让整个屋子看上去更加清洁干净！

香氛蜡烛

对我来说，在迅速改善房间气味方面，没有什么能与香氛蜡烛相比。即便是刚刚做完家务，室内干净整洁，香氛蜡烛中的淡淡芬芳会大大提升空气的新鲜感，好似完工时的画龙点睛之笔。开始打扫家务前，我会点上一根蜡烛，这样我会立刻感觉到室内空气有了很大的改善。最好选择质量好的蜡烛，而不是那些便宜货。因为质量好的蜡烛香味更浓且更宜人，而便宜的通常是用廉价的原料制成，这样的香味让你根本就喜欢不起来。

空气喷雾

如果你想迅速用一点香味提升整个屋子（或供许多人使用的

浴室）的气氛，那么空气喷雾就是最佳之选。无论何时我知道有人要来我家拜访时，我总会用喷雾喷洒家里的几个主要房间。并不是因为我家气味难闻，而是因为我想确保客人进屋时房间的空气是绝对清新的。由于我们整天都待在家里，并没有去户外呼吸新鲜空气，我们习惯了家里的气味，但并不能保证家里没有挥之不去的怪味儿。我喜欢买香氛公司出品的专用高浓度房间喷雾，而不是百货商店里出售的廉价喷雾。通常只需要一点点喷雾就能让整个屋子芬芳四溢，并不需要像广告里那样站在屋子中央花好几分钟转着圈喷洒。

炉台

在炉台上煨一锅水是改善室内气味最经济、最自然的方法之一。你还可以加入一些香草和香料，或者把新鲜的香草和水果剁碎，放入准备好的小袋子里冷冻以备气氛僵滞时使用。你还可以利用院子里的柑橘皮或常绿树枝。不管你向水里加什么，确保一直有人照看着锅。千万别把水烧干或者有火苗冒出来——这会产生非常令人不快的烟味儿。下面是一些经典的香薰组合，如果你家也有这些物品可以尝试一下：

- ◆ 橙皮和丁香或丁香粉
- ◆ 肉桂和香草精
- ◆ 苹果皮、柠檬皮和香草精

8分钟拯救你的小窝

精油

一些人喜欢用精油薰香屋子，并信誓旦旦地认为精油有利于健康，最起码让人在舒适的气味中身心愉悦。我们可以用精油来自制空气喷雾——向空喷雾瓶内加入几滴精油和水后，再加入一勺（4克）的小苏打。或者在棉花球上滴几滴精油，然后放入房间的不同角落。我最喜欢的办法就是把精油滴在壁炉换气板上，这样能让新鲜气味迅速循环到整个屋子中。非常高效！

室内香味
至关重要

一劳永逸
的妙计

THE CLEANING BIBLE   How to Clean Your Home in 8 Minutes
Flat and Other Clever Housekeeping
Techniques

我们总是发誓至少每年打扫一次房子，开始做得得心应手，但是最终却似乎事与愿违。为什么会这样呢？你到底是怎么把房间整理成这样的？一些专业的持家大师肯定精通清扫秘籍，以至于最终"功成名就"，能把一切事物都整理得井井有条！当然了，我把这些方法都整理出来了，随时恭候为你打包带走！如果你能下定决心做好家务，那么你需要做好这些事情：

○投资♀

如果你想从整理家务的过程中有所收获，首先你必须要有所投入。你所投入的一定是有价值的东西，还有那些即便是对家务活有所倦怠也不想抛弃的东西。或许是时间，或许是金钱，还有可能是时间和金钱。对我来说，只要花钱买一些清理工具让家里井然有序，我就能坚持做完家务，而且还会对自己取得的进步感到开心。买一些新的工具能让我把家里打理得井井有条，这种情景让我感到心旷神怡。我并不想让花出去的钱（请注意事实上并不多）付诸东流。如果你想要节约成本也可以，仍然可以把家里整理好。我的意思不是让你把所有的东西随意堆放在墙角就行了，而是说在节约成本的前提下你可以多花点时间。你可以用一些简单的材料和聪明才智去自制所有的架子、柜子或储藏柜。

◦自制带布罩的收纳盒◦

准备材料：

◆ 盒子

◆ 足够大能盖住盒子的布

◆ 剪刀

◆ 胶棒

◆ 喷胶器

◆ 修饰边缘的宽丝带

◆ 标签条（可有可无）

将布熨平并把盒子放在布的中央，向一侧倾倒盒子并勾勒出边缘轮廓，然后再将盒子归位，按照上述方法依次量出四个面的大小。

裁剪布料，用胶棒在盒子底部涂抹后再把盒子放在布中央。

用胶棒在盒子四周涂抹，然后向上把布捋平，将多出的布料掖在盒子内侧。用同样的方法处理四个侧面。

用胶枪把装饰丝带固定在盒子四角，然后用丝带装饰盒子顶部，打造出靓丽的外形。

贴上标签，你就可以使用新的储物盒了！

各得其所

现代家居生活中总会有一些无处安置的物品。但要想把家里打扫得井井有条，必须要归置好所有的东西。这是关键因素，至少是关键因素之一。如果所有的东西都秩序井然、一切安好，偏偏有个物品或者一堆物品无处安放、极不协调，那么你就得想办法解决了。事实上家里很多东西都没有固定的归置地点，而我们也习以为常了。因此我们不得不时刻准备整理家务或者不断地想出临时解决办法。事实上一点也不管用，是吧？所以你无法为家里某些物品找到理想的、永久的安置场所，那就多花点时间，弄清楚哪些物品格格不入，并有意识地记录下来以便想出长久之策——要么重新收纳物品，买一些新的且行之有效的收纳用品，或者自制理想的收纳装备，或把上述方法结合起来。最后落实到行动上就可以啦。

顺其自然

灵活应变会让事情大有改观，而且会产生巨变。或许你已经想出了一些好用的储存方案，但却不适合你目前的生活方式或家庭状况，比如你家里有几个蹒跚学步的孩子。有一年我们把家里的浴室套间翻新得很漂亮，所有人都明白应该怎样归整浴室用品。效果很棒！各种用品都各得其所。而且我们在门外设有额外的储物区，这样就不会显得拥挤或堆满东西。接下来的两年中，我在客厅梳妆，就把所有的化妆品都放在了客厅。如果带着孩子去卫浴套间化妆只会让事情变得更糟糕——一定会巨大的混乱场面等着我去收拾。所以我把客厅重新规划了一下，我化妆的时候孩子们可以在客厅玩玩具，这样卫生间就不会混乱了。我在古董商店买了一个精美的旧木工具箱，并用它盛放所有的化妆品，这种方法非常好。虽然我需要很长时间才能恢复使用卫浴套间化妆，但至少每天早上我不用趁孩子们不注意时慌慌张张地打扮自己。

○珍惜额外的存储空间♀

如果你家里恰好有额外的空间用于存储物品，那么让室内井井有条的雄心壮志马上就要实现了！通常，最佳的储物室是那些被人们忽略的房间，因为我们觉得这些房间无用武之地。比如黑暗的地下室，形状独特的阁楼，或者大家都觉得派不上用场的其他房间。我们毫不犹豫地把东西扔在里面，而且没有经过认真思量，因为这些房间通常是用不上的，所以我们认为应该把东西放在这些屋子里。我家的地下室有一百年的悠久历史了，那里的屋顶很低，地板很破旧，并且所有的五金件四处散落。通常我们把所有用不着的东西都扔在地下室，把那些喜欢的东西放在楼上我们居住的主要房间，而且楼上没有放置杂物的空间。当我意识到地下室是放置季节性物品（如装饰物品或额外的玩具等）的绝佳地点时，立刻感到整个屋子都开始变得更干净，更秩序井然了。如果你家也有这种被忽略的房间，那就买一些实用、常见的架子，打签器和一些便利的储物盒。把它当成理想的储物室，很快它就会如你所愿！

○清理杂物♀

有时候你需要重新整理储物区，给自己喜欢的和想要妥当安置的物品留出空间。有时候重新整理意味着把物品永远安置在别处，如室外，或者从家里搬走，以及扔掉。那么整个整理过程的关键一步就是把不需要的物品清理掉。有些人家里东西很多，他们认为可以挪动物品以腾出更多空间，这样会让家里变得井井有条，而且认为这种办法很明智。但事实上，你不可以这样继续下去。并不是所有的东西都有用。之前我囤积了一些好玩的小玩意儿、鲜艳的饰物和其他装饰品，我认为总有一天它们会派上用场。但我不得不说，与其把它们囤积起来，不如直接清理掉。如果拥挤的储物架突然只剩下几个自己最喜欢的物件，那就很容易整理它们了。当你整理物品时，你就会豁然开朗。你觉得那些明智的、

"非常有条理"的人能让家里看上去所有的东西都堆在一起吗？那些身怀绝技、让房间整齐有致的人会囤积物品吗？是的，你猜对了。唯一的技巧就是清理杂物！在你明白这个道理之前他们就已经知道了，现在你也走上了正轨！清理杂物的关键是要断、舍、离。你不必给所有廉价物品都找到合适的归宿，也没有必要把它们卖掉以补偿自己的损失。不需要！现在我要你放弃你的愧疚感。事实上，你现在清理掉的很多物品都是垃圾而已，所以要毫不犹豫地扔掉！还有一些你觉得应该捐献的物品，把它们打包送去收取地点，比如某个大型二手商店。能尽快处理掉垃圾就可以了。再说一次，这样做会让你感到释怀。还有比立刻看到一个干净、毫无压力的房间更容易的事情吗？现实情况是，把多余的物品清理掉，其他物品就会立刻找到适合自己的位置。

附　录

THE CLEANING NINJA How to Clean Your Home in 8 Minutes
Flat and Other Clever Housekeeping
Techniques

　　理想情况下，我们最终会根据自己的时间安排和家庭需求制订出完美的日常家务列表，以最简单、最快捷的方式保持一切顺利运转，并让居室变得干净整洁。我还想说，最佳状况是经常调整列表上的事项，从而适应不同季节、不同活动、喜好的改变和需求。有时候，最好的办法是给自己找一个切入点，去做一件可以付诸行动的家务，并逐渐养成习惯。下面的列表是基本的日常家务列表，不需要花过多时间去做就能让你的家里长期保持干净明亮。

- ☐ 整理床铺
- ☐ 洗几件衣服
- ☐ 洗碗
- ☐ 倾倒装满垃圾或马上装满垃圾的垃圾桶
- ☐ 迅速擦拭浴室
- ☐ 擦拭橱柜和餐桌
- ☐ 快速清扫厨房地面
- ☐ 用拖把擦拭地板上的污点或磨损
- ☐ 清理不需要的东西并擦净表面

　　这里，我们总结了一些处理特定区域家务工作的办法，你可以把这些方法运用到每月列表中。如果你每月能逐个完成这些耗时不多的小活，最终你会对自己取得的成就感到惊讶！

○全屋上下○

☐ 认真用吸尘器打扫屋子里的每一个房间（剩下的时间内若有需要，用吸尘器清理房间中的污渍）

☐ 掸去所有门和窗框上部的灰尘，清理所有的蜘蛛网

☐ 擦拭每间屋子内墙壁和装饰物上的污渍

☐ 擦拭垫盘和门把手

☐ 检查主要的衣橱 / 衣架，清理所有反季节或不需要的衣物

☐ 检查所有的镜子、窗户和玻璃制品上的手印和污点

☐ 清理百叶窗和窗帘

☐ 擦拭并给所有木制座椅及家具上光

☐ 擦拭装饰物和毯子上的污渍

☐ 扔掉所有已经读过的杂志和册子

☐ 更换季节性的装饰或加以改变，提升室内空间新鲜感

☐ 擦拭室内与室外的灯具，必要时把玻璃制品部分拿下来擦干净

⚬厨房和食品储存区⚬

☐ 清空冰箱和冰柜并进行打扫，更换或重新摆放物品

☐ 清理炉子和烤箱

☐ 清扫通风罩过滤板

☐ 清扫微波炉并擦拭其他小配件

☐ 擦拭橱柜

☐ 整理和清扫水槽下方区域

☐ 擦拭垃圾桶

☐ 检查所有的抽屉和碗橱，看是否需要重新整理

⚬浴室⚬

☐ 清洗所有的毯子和浴室防滑垫

☐ 清洗浴室窗帘和衬里

☐ 清理所有的牙刷架、肥皂盒和其他附件

☐ 扔掉所有空的或过期的瓶子

☐ 清洗孩子的浴室玩具

☐ 给花洒和喷头除垢

◦卧室◦

☐ 清洗所有的褥子、被罩和枕套

☐ 用吸尘器清理床下

☐ 清理卧室内的桌子、梳妆台和架子，并将没用的东西收
起来

☐ 把衣橱中所有破损、不合身或过时的衣服扔掉或捐出去

☐ 检查并整理所有的梳妆台抽屉

☐ 摆正衣橱里所有的衣架和架子，必要时重新叠衣服

☐ 掸去所有衣橱架子和衣架杆上的灰尘

☐ 摆正鞋子

◦书房◦

☐ 清理各种屏幕和键盘

☐ 整理文具

☐ 扔掉所有垃圾和废纸

☐ 给打印机加纸、加墨

☐ 扔掉文件夹中没用的文件

每天只做一两件上述家务就可以啦！你会发现许多经常做的
事情并没有出现在上述两份清单中，比如给植物浇水或更换床单
等。在使用本书所讲的清扫技巧时，你就能够持续地发现问题并

在必要时解决问题。所以不必担心，这些问题不会成为非常复杂的需长期坚持的清扫计划。每月清单上的家务只是一些建议，或许你可以把它们加入每月一次的迷你清扫列表中，让你的屋子看上去每月都进行过深度清理——而事实上并不需要每个月都兴师动众地打扫屋子。

有时候你希望将所有的家务一网打尽。或许是因为真的喜欢打扫房间，也或许你希望给自己的新宠（保持室内清洁）一个全新的开始。下面列出了所有家务，当你想进行大扫除的时候可以参考。开始之前请深呼吸，而且要谨慎对待或者投入对家务清洁工作无私的爱。适合自己的就是最好的！

○过道走廊○

☐ 掸去天花板、门框上部、窗户上部和门上的灰尘

☐ 擦拭所有的门、门框、窗框和装饰品

☐ 清理墙上的痕迹

☐ 擦干净所有的窗户或玻璃门

☐ 打扫所有的灯具

☐ 擦拭所有的门把手和垫盘

☐ 扫地或用吸尘器清理地面，包括家具下面的区域

☐ 清理所有的窗帘或百叶窗

☐ 清扫前廊、楼梯平台、露台和楼梯

- □ 清洗所有的脚垫或毯子，要么用洗衣机，要么用花园里的浇水管。必要时换新的
- □ 给需要移植的植物换盆
- □ 擦拭花架
- □ 抖落或用吸尘器清理装饰花环及其他装饰品
- □ 擦拭所有的长凳、椅子、柜子或其他家具
- □ 把衣柜里或架子上不需要的衣服清理掉。摆正衣架、架子和小盒子

起居室、家庭室、娱乐室和书房

- □ 掸去天花板、门框上部、窗户上部和门上的灰尘
- □ 擦拭所有的门、门框、窗框和装饰品
- □ 清理墙上的痕迹
- □ 擦干净所有的窗户或玻璃门
- □ 打扫所有的灯具和台灯
- □ 擦拭所有的门把手和垫盘
- □ 扫地或用吸尘器清理地面，包括家具下面的区域
- □ 清洗地毯和毯子
- □ 根据说明书用吸尘器清理所有的家具
- □ 给所有木制家具上光
- □ 清洗所有窗帘和百叶窗

☐ 把架子上和柜子里的东西移出来，并彻底掸去里里外外的灰尘

☐ 擦拭所有装饰物品，适合的话可以用洗碗机清洗

☐ 摘掉垫子外罩并清洗，重新套上之前熨平褶皱

☐ 清空所有篮子或垃圾箱，用吸尘器清理内部并擦拭干净（或使用木材抛光剂）

☐ 用外用酒精仔细擦拭遥控器和其他电器

☐ 打扫所有的镜子和玻璃相框

☐ 清理茶几或咖啡桌抽屉

☐ 清理壁炉

☐ 给所有植物浇水并轻轻擦去叶子表面的灰尘

☐ 清洗假植株

☐ 清理杂志和书架

○游戏室♀

☐ 掸去天花板、门框上部、窗户上部和门上的灰尘

☐ 擦拭所有的门、门框、窗框和装饰品

☐ 清理墙上的痕迹

☐ 擦干净所有的窗户或玻璃门

☐ 打扫所有的灯具

☐ 擦拭所有的门把手和垫盘

☐ 扫地或用吸尘器清理地面，包括家具下面的区域

☐ 清洗地毯和毯子

☐ 根据说明书用吸尘器清理所有的家具

☐ 清洗所有窗帘和百叶窗

☐ 重新整理玩具，把所有的物品都放回合适的位置

☐ 检查玩具有没有磨损和裂缝，把不能修补的玩具扔掉

☐ 清走不再使用的玩具并捐赠给需要的孩子（寻求孩子的帮助，这样你就知道哪些玩具过于老旧可以扔掉）

☐ 擦拭大型玩具

☐ 擦拭软体玩具上的污点

☐ 用洗碗机清洗小型塑料玩具

☐ 必要时添加新的收纳盒、篮子或架子

☐ 掸去架子上的灰尘

☐ 用吸尘器、羽毛掸子清理所有的垃圾桶或篮子并擦拭

☐ 整理书架并修补所有受损书籍

餐厅

☐ 掸去天花板、门框上部、窗户上部和门上的灰尘

☐ 擦拭所有的门、门框、窗框和装饰品

☐ 清理墙上的痕迹

☐ 擦干净所有的窗户或玻璃门

8分钟拯救你的小窝

☐ 打扫所有的灯具

☐ 擦拭所有的门把手和垫盘

☐ 扫地或用吸尘器清理地面，包括家具下面的区域

☐ 清洗地毯和毯子

☐ 根据说明书用吸尘器清理所有的装饰家具

☐ 清洗所有窗帘和百叶窗

☐ 仔细掸去架子部件和瓷器柜子里面与外面的灰尘

☐ 清洗盘子、水晶、杯子和托盘

☐ 擦亮银器

☐ 确保所有买回来的亚麻桌布干净平整

☐ 擦亮所有木制家具，包括桌子和椅子腿

☐ 给所有植物浇水并擦拭每片叶子

☐ 清洗假植株

☐ 打扫所有的镜子和玻璃相框

☐ 擦拭所有其他装饰物品或恰当时放到洗碗机中清洗

◌厨房◌

☐ 掸去天花板、门框上部、窗户上部和门上的灰尘

☐ 擦拭所有的门、门框、窗框和装饰品

☐ 清理墙上的痕迹

☐ 擦干净所有的窗户或玻璃门

- ☐ 打扫所有的灯具

- ☐ 擦拭所有的门把手和垫盘

- ☐ 扫地或用吸尘器清理地面，包括家具下面的区域

- ☐ 清洗所有窗帘和百叶窗

- ☐ 清洗宠物用的餐具和周围区域

- ☐ 清理并归整水槽下部区域

- ☐ 擦拭所有的柜子

- ☐ 清走柜台上所有的物品并逐个擦拭

- ☐ 倾倒并清洗台面上的罐子和托盘

- ☐ 再次密封所有的台面、地面和挡板

- ☐ 擦拭所有小器具

- ☐ 擦拭瓷砖挡板，用力擦洗水泥浆并在必要时重新填缝

- ☐ 擦拭通风罩并清洗过滤板

- ☐ 清空每个抽屉和碗橱并擦拭，扔掉不需要的东西后重新归整

- ☐ 清空冰箱和冰柜并擦拭，扔掉不需要的东西后重新归整

- ☐ 打扫洗碗机内部和外部区域，并运行维护 / 清洗模式

- ☐ 清理炉子和烤箱

- ☐ 打理微波炉内部和外部区域

- ☐ 清洗台面、桌子和墙上所有的装饰物品

8分钟拯救你的小窝

○浴室♀

☐ 掸去天花板、门框上部、窗户上部和门上的灰尘

☐ 擦拭所有的门、门框、窗框和装饰品

☐ 清理墙上的痕迹

☐ 擦干净所有的窗户或玻璃门

☐ 打扫所有的灯具

☐ 擦拭所有的门把手和垫盘

☐ 扫地或用吸尘器清理地面，包括家具下面的区域

☐ 清洗毯子和浴室脚垫

☐ 清洗浴室窗帘盒内衬

☐ 清洗窗帘和百叶窗

☐ 摘掉通风扇外罩，用吸尘器清理内部区域

☐ 给水龙头和喷头除垢

☐ 擦拭浴盆、淋浴器、水槽和马桶

☐ 擦拭浴室玻璃

☐ 清空所有的架子和柜子，擦拭之后重新归整

☐ 清走所有过期或不再使用的瓶装产品

☐ 擦拭所有柜门前部区域

☐ 清走台面上所有的物品并擦拭

☐ 清空所有台面上的罐子和托盘并清洗

- [ ] 给所有的石头台面、地板和挡板重新填缝
- [ ] 擦拭所有头发造型电器
- [ ] 清理所有发梳
- [ ] 清理所有化妆刷
- [ ] 重新叠放所有的毛巾和面巾，必要时重新清洗
- [ ] 需要重新购买的物品需要列出清单，比如肥皂、洗发水、牙膏、厕纸或棉签
- [ ] 清洗所有装饰物

○盥洗室♀

- [ ] 掸去天花板、门框上部、窗户上部和门上的灰尘
- [ ] 擦拭所有的门、门框、窗框和装饰品
- [ ] 清理墙上的痕迹
- [ ] 擦干净所有的窗户或玻璃门
- [ ] 打扫所有的灯具
- [ ] 擦拭所有的门把手和垫盘
- [ ] 扫地或用吸尘器清理地面，包括家具和电器下面的区域
- [ ] 清洗所有的窗帘或百叶窗
- [ ] 清理烘干机排气口内侧和屋外排风口
- [ ] 用长柄刷和吸尘器清理烘干机内的线头
- [ ] 将洗衣机内外擦拭一番，并将洗衣机调至循环清洗模式

8分钟拯救你的小窝

□ 清空所有橱柜或架子并擦拭

□ 倾倒所有不需要的空瓶子或洗衣产品，尚须使用的瓶子应
  重新归置

□ 将需要重新购买的盥洗用品列出来

○主卧♀

□ 掸去天花板、门框上部、窗户上部和门上的灰尘

□ 擦拭所有的门、门框、窗框和装饰品

□ 清理墙上的痕迹

□ 擦干净所有的窗户或玻璃门

□ 打扫所有的灯具

□ 擦拭所有的门把手和垫盘

□ 扫地或用吸尘器清理地面，包括家具下面

□ 清洗地毯和毯子

□ 根据说明书用吸尘器清理所有的家具

□ 擦亮所有木制家具

□ 清洗所有的窗帘或百叶窗

□ 清洗所有的褥子、枕头套和被套

□ 用吸尘器打扫床垫、翻转床垫后再次用吸尘器清理

□ 清理床边的桌子、台面和梳妆台，擦拭没用的东西并收
  起来

□ 给所有的书架除灰并进行整理

□ 把衣橱里和抽屉里所有破损、不合身或过时的衣服扔掉或
   捐出去

□ 检查所有衣柜中的衣服是否整齐，必要时重新叠放

□ 摆正衣柜里所有的衣架和架子

□ 摆正鞋子

□ 掸去衣橱架子和挂衣钩上所有的灰尘

□ 擦拭水平面和墙面上所有的装饰物品

□ 给所有植物浇水并擦拭每片叶子

□ 清洗假植株

□ 掸去所有电器的灰尘

儿童房

□ 掸去天花板、门框上部、窗户上部和门上的灰尘

□ 擦拭所有的门、门框、窗框和装饰品

□ 清理墙上的痕迹

□ 擦干净所有的窗户或玻璃门

□ 打扫所有的灯具

□ 擦拭所有的门把手和垫盘

□ 扫地或用吸尘器清理地面，包括家具下面

□ 擦亮所有木制家具

☐ 清洗所有窗帘或百叶窗

☐ 处理衣柜或衣橱里那些不合身的衣服，扔掉或捐掉

☐ 将所有衣橱中的衣服重新叠放并整理衣帽间

☐ 把盒子或篮子里的玩具倒出来，或把架子上的玩具拿下来擦拭

☐ 扔掉所有不再使用的玩具，仍需使用的玩具要重新归整

☐ 整理所有的游戏玩具和书籍

☐ 清洗所有的褥子、枕头套和被套

☐ 用吸尘器打扫床垫、翻转床垫后再次用吸尘器清理

☐ 清理旁边所有的桌子、台面和梳妆台，擦拭没用的东西并收起来

☐ 擦拭水平面和墙面上所有的装饰物品

☐ 掸去所有电器的灰尘

♂客卧♀

☐ 掸去天花板、门框上部、窗户上部和门上的灰尘

☐ 擦拭所有的门、门框、窗框和装饰品

☐ 清理墙上的痕迹

☐ 擦干净所有的窗户或玻璃门

☐ 打扫所有的灯具

☐ 擦拭所有的门把手和垫盘

☐ 扫地或用吸尘器清理地面，包括家具下面

☐ 清洗地毯和毯子

☐ 根据说明书用吸尘器清理所有的家具

☐ 擦亮所有木制家具

☐ 清洗所有的窗帘或百叶窗

☐ 清洗所有的褥子、枕头套和被套

☐ 用吸尘器打扫床垫、翻转床垫后，再次用吸尘器清理

☐ 清理旁边所有的桌子、台面和梳妆台，擦拭没用的东西并收起来

☐ 擦拭水平面和墙面上所有的装饰物品

☐ 如果房间里有电脑、工艺品和缝纫用品，掸去灰尘并归整

☐ 掸去所有电器的灰尘

◌家庭办公区◌

☐ 掸去天花板、门框上部、窗户上部和门上的灰尘

☐ 擦拭所有的门、门框、窗框和装饰品

☐ 清理墙上的痕迹

☐ 擦干净所有的窗户或玻璃门

☐ 打扫所有的灯具

☐ 擦拭所有的门把手和垫盘

☐ 扫地或用吸尘器清理地面，包括家具下面

8分钟拯救你的小窝

□ 清洗地毯和毯子

□ 根据说明书用吸尘器清理所有的家具

□ 擦亮所有木制家具

□ 清洗所有窗帘或百叶窗

□ 擦净所有的屏幕、键盘和其他设备

□ 整理笔架

□ 扔掉所有垃圾或废纸

□ 给打印机加纸、加墨

□ 扔掉文件夹中没用的文件

□ 清理办公桌

□ 清理所有不必要的电脑文件、下载的文档和书签

□ 按年份和事件整理电子照片

手工艺室，业余爱好室或工作坊

□ 掸去天花板、门框上部、窗户上部和门上的灰尘

□ 擦拭所有的门、门框、窗框和装饰品

□ 清理墙上的痕迹

□ 擦干净所有的窗户或玻璃门

□ 打扫所有的灯具

□ 擦拭所有的门把手和垫盘

□ 扫地或用吸尘器清理地面，包括家具下面

□ 清洗所有窗帘或百叶窗

□ 逐个检查储物区，扔掉所有空盒子、破损物品或者用不上
   的物品

□ 清理所有台面、桌面和工作区

□ 将所有物品整齐地归置起来，让可利用空间尽可能大一些

□ 检查自己的储存方案，考虑一下自己是否需要添置其他
   物品

其他储物区

□ 掸去天花板、门框上部、窗户上部和门上的灰尘

□ 擦拭所有的门、门框、窗框和装饰品

□ 清理墙上的痕迹

□ 擦干净所有的窗户或玻璃门

□ 打扫所有的灯具

□ 擦拭所有的门把手和垫盘

□ 扫地或用吸尘器清理地面，包括家具下面

□ 清洗所有窗帘或百叶窗

□ 整理放置亚麻制品的衣橱，重新清洗、叠放并整理亚麻制
   品，必要时添加储物篮

□ 打开季节性的装饰收纳盒并检查里面的东西：把常年不用
   或者不喜欢的东西拿出来捐掉或者直接扔掉

8分钟拯救你的小窝

☐ 逐个打开所有储物箱，检查旧衣服、孩子学校的卷子和旧的电器；捐掉或扔掉过时的、多年不用的、不会再用到的或者那些不会带来美好回忆的物品

☐ 擦拭所有的架子和塑料储物箱

♀宠物区♂

☐ 掸去天花板、门框上部、窗户上部和门上的灰尘

☐ 擦拭所有的门、门框、窗框和装饰品

☐ 清理墙上的痕迹

☐ 擦干净所有的窗户或玻璃门

☐ 打扫所有的灯具

☐ 擦拭所有的门把手和垫盘

☐ 扫地或用吸尘器清理地面，包括家具下面

☐ 清洗所有窗帘和百叶窗

☐ 清理宠物进食和饮水的盘子

☐ 清空猫窝或狗窝，用水管喷洗并且尽可能放在太阳下彻底晾干

☐ 把新的砂重新装入猫窝或狗窝，并在上面覆盖小苏打

☐ 清洗食物铲子或储粮罐

☐ 清洗宠物刷子

☐ 清洗宠物床铺

☐ 整理刷子、毛发清洗液和医药储物箱

☐ 整理项圈和牵引绳

☐ 全面检查，列出需要更换或添置的物品清单

车库 / 工具库

☐ 掸去天花板、门框上部、窗户上部和门上的灰尘

☐ 擦拭所有的门、门框、窗框和装饰品

☐ 清理墙上的痕迹

☐ 擦干净所有的窗户或玻璃门

☐ 擦拭所有的灯具

☐ 擦拭所有的门把手和垫盘

☐ 扫地

☐ 更换壁炉和空调出风口

☐ 内外擦拭干燥器

☐ 检查空调设备周围空气流通情况，并在必要时清理灌木和
杂草

☐ 擦拭扫帚、拖把、水桶和真空吸尘器；用小剪刀或拆线笔
清理打扫地毯时纠缠在吸尘器上的毛发和线头

室外

☐ 用高压水枪喷洗室外的侧板、露台、庭院和室外家具

☐ 清洗所有室外窗户

☐ 把所有花盆移开，并清洗花盆底部

☐ 擦拭花盆外部

☐ 抖落花环上的尘土并用吸尘器清理

☐ 擦拭信箱、家庭号码牌及室外灯具

☐ 打扫门廊或楼梯平台，抖落脚垫上的灰尘

☐ 清理排水沟和排水管

☐ 检查门上的挡风毛毡，必要时更换

☐ 清理室外格栅的内侧和外侧区域，检查遮阳伞确保其完好
   无损

☐ 清理所有室外枕头、垫子和遮阳伞上的灰尘和花粉

☐ 给花床添加新的覆盖料

☐ 清空垃圾箱和废物回收箱，用水管或动力清洗剂喷洗后放
   在阳光下晾干

☐ 清洗并打磨园艺工具并涂上油防止生锈

☐ 喷洗所有室外玩具，并放在阳光下晾干

☐ 检查室外玩具、园艺工具等储物措施，并决定是否要添置
   其他物品

致谢

万分感谢……

感谢格莱美帮我照看孩子，让我能够一点一点地完成本书的写作。感谢孩子们，他们陪伴我完成了这本书的创作，而且共同见证了那些笨拙的清扫实验。感谢萨拉一直以来的鼓励和感叹。感谢我的父母，是他们让我知道一个精致、幸福、干净家庭的概念。感谢克里斯对我那些大胆、疯狂的想法的回应，他总是会说"动手吧！"